总 主 编　苗长虹
副总主编　侯卫东
本册主编　艾少伟　赵 墨

# 黄河生态文明教育

高中版

青岛出版集团 ｜ 青岛出版社

## 《黄河生态文明教育》编委会

总 主 编　苗长虹
副总主编　侯卫东
本册主编　艾少伟　赵　曌
编　　委　艾少伟　赵　曌　李桂君　包李娜
　　　　　聂桂博　高建治　王慧慧　张萌萌
　　　　　田艳美　姚秋菊　杨　益

# 目录 CONTENTS

## 第一章 | 大河渊源 ... [1]
第一节　奔腾大河之溯本探源 ... [1]
第二节　黄河流域系统的形成 ... [6]
第三节　善徙河道的历史变迁 ... [9]
第四节　水资源短缺的母亲河 ... [12]
第五节　黄河滋养的九个省区 ... [15]

## 第二章 | 大河衍生 ... [20]
第一节　千姿百态的生态系统 ... [20]
第二节　丰富多样的生物群落 ... [25]
第三节　多姿多彩的生态景观 ... [31]
第四节　延续至今的黄河文明 ... [36]

## 第三章 | 大河博物 ... [41]
第一节　绿水青山：黄河的生态价值 ... [41]
第二节　物阜民安：黄河流域地方特色经济 ... [47]
第三节　风土人情：黄河流域的区域文化 ... [54]

## 第四章 | 大河华章 ························································· [63]

第一节　黄河是华夏文明的摇篮································· [63]
第二节　黄河文明伟大复兴是中华民族的重要使命············· [69]
第三节　黄河文化是国家认同的重要纽带························· [76]
第四节　黄河是铸牢中华民族共同体意识的重要标识············ [81]
第五节　黄河文化的精神传承······································ [88]

## 第五章 | 大河之治 ························································· [95]

第一节　黄河水患伴华夏············································ [95]
第二节　自古以来黄河治理的艰难探索···························· [98]
第三节　当代黄河治理取得伟大成就······························ [104]

## 第六章 | 大河之约 ························································· [111]

第一节　打造"山水林田湖草沙冰"生命共同体·················· [111]
第二节　建设黄河国家文化公园··································· [116]
第三节　讲好新时代生态文明故事································ [120]
第四节　让黄河成为造福人民的幸福河···························· [121]

# 第一章 大河渊源

## 课前导读

"中国川原以百数,莫著于四渎,而河为宗。"

作为中华民族的母亲河,黄河是中国历史变迁的见证者与讲述者,是民族精神的创造者与传承者,更是中华文明的重要缔造者。

奔腾不息的黄河宛如一条昂首的巨龙,从三江源出发,穿越黄土高原,夺中原而入大海。一路上,她历经沧桑,饱经风雨,用包容、团结、拼搏、奋斗的精神在中华大地上书写着华丽的篇章。

今天,我们就从这条大河的成因开始探索,点点滴滴地揭开她的神秘面纱。

## 第一节 奔腾大河之溯本探源

黄河从孕育到发展壮大,历经百万余年的时间洗礼。她从青藏高原走出,一路流经 9 个省区,干流跨越约 5464 千米的路程,是我国的第二长河。

无数中华儿女在讴歌她的宏伟与壮阔之际,也通过不同方法对其进行"溯本探源"。一千多年前,李白的诗句"黄河之水天上来,奔流到海不复回"就已经用浪漫主义表现手法解释了黄河的起源与归属。这里的"天上"实则指青藏高原上的巴颜喀拉山脉。由此看来,黄河的起源与发展和整个青藏高原的演化密不可分。

> 三春白雪归青冢,万里黄河绕黑山。
>
> ——唐·柳中庸

### 一、古黄河的形成过程

2 亿年前,黄河的发源地——青藏高原还是一片汪洋。约 8000 万年前,在地质营力作用的持续影响下，印度板块（属印澳板块）快速向北漂移，与亚洲板块（属欧亚板块）发生碰撞挤压，使唐古拉山区域的藏北地区和部分藏南地区初现陆地。随着板块活动的加剧，地壳持续抬升，青藏地区的高原地貌格局初步形成。

370万~180万年前，青藏高原东北缘平坦地势（地质上称为主夷平面）出现解体，地势上的强烈反差致使区内河流纵横，湖泊密集，多处水系被改造和重组，黄河的最初水源也在此刻出现。

在距今150万~110万年之间，青藏高原古湖盆的西边又出现了古扎陵湖、古鄂陵湖和若尔盖湖。今天的渤海在当时也是一个内陆湖盆，这些湖盆都是当地河流的归宿。然而，湖盆相互之间并不连通，只是形成各自独立的内陆水系，但它们的形成与发育正式揭开了黄河孕育与发展的序幕。

随着地质作用的持续影响，距今115万~50万年之间，如今的黄河流域在当时发生剧烈的板块碰撞，湖盆之间的隆起带再次上升，河流下切侵蚀，河谷进一步加深，致使早期古河道持续加深加宽。同时，水流本身巨大的溯源侵蚀作用使原本各自独立的河道逐渐贯通。到距今约10万年前，黄河流域内除个别古湖盆还单独存在外，其他分支河道纷纷归入主河道，此刻的黄河基本完成贯通，整体河道形成。

由此看来，黄河以板块运动产生的构造作用为内营力，以水文地理条件下本身产生的侵蚀、搬运、堆积作用为外营力，在内外营力共同的作用下，直至距今10万~1万年前的晚更新世，才最终形成上下贯通的整体河道。然而，相较于有约46亿年历史的地球来说，我们的母亲河还是一条"年轻"的大河。

## 黄河的形成历史

第一阶段　180万年前：　古黄河开始孕育。
第二阶段　115万~10万年前：黄河开始成长壮大。
第三阶段　10万~1万年前：　水系贯通的黄河开始形成。

## 二、黄河的形态及流域景观的变化过程

在百万年的成河历史中，黄河的形态并非一蹴而就，而是随着时间的脚步悄然变化。由于流域环境和人为因素的综合影响，在上、中、下游的不同河段，黄河呈现出不同的区域景观特色。

现在的黄河，西起巴颜喀拉山，北抵阴山，南至秦岭，东注渤海，西高东低，高差悬殊，形成自西而东、由高及低的三级阶梯，是连接青藏高原、黄土高原、华北平原的重要生态廊道。流域内沙漠浩瀚、草原广布、峡谷险峻，自然景观壮丽秀美。

其中，黄河上游以雪山草原为主，中游千沟万壑，下游则为田畴连绵的壮丽景观。这些景观形貌的差异性正是地形、地貌、水文等因素综合影响的结果。

> 九曲黄河万里沙，浪淘风簸自天涯。
> ——唐·刘禹锡

由于高原区域峡谷多、河道落差大，河水流速快，河流的侵蚀性较强，在青藏高原和内蒙古高原境内穿梭的黄河两岸多为陡峭的"V"形河谷。不过，此段河道整体平直，直至从青海流向甘肃甘南时，黄河出现了巨大的转弯。著名的"九曲黄河"景观就这样渐次呈现在人们眼前。

黄河中的一处转弯

黄河中游景色

接着黄河"来到"了吕梁山、秦岭地区,自北向南穿行于晋陕峡谷间。这里河谷深切,河道变窄,水流湍急,造就了我们今日所见的壶口瀑布奇景。黄河在流经沟壑纵横的黄土高原时,大量泥沙被卷入河中,名副其实的"黄色大河"如同一幅画卷在大地上徐徐展开。

随后,黄河自河南省的桃花峪进入下游河段。由于下游海拔较低,地势较为低平,河流流速急剧下降,其携带的大量泥沙开始沉积。华北平原正是在黄河、海河、淮河、滦河等的共同冲积作用下形成的。

进入华北平原后,黄河由于河道变宽,水流开始散乱,泥沙淤积量增加,河床逐年抬升,形成地上悬河,最后在山东东营汇入渤海,形成不同的地貌景观。

这条大河在广袤的大地上百转千回,包纳百川,拼搏向上,用实际行动向两岸儿女传递着"包容、团结、拼搏、奋斗"的精神。

作为黄河儿女,今日的青年承担着人民的希望,肩负着祖国的未来,更要凝聚青春之力,承担起自己的责任。青年应以习近平总书记在深入推动黄河流域生态保护和高质量发展座谈会上所强调的"咬定目标、脚踏实地、埋头苦干、久久为功"为己任,为黄河永远造福中华民族而不懈奋斗。

### 延伸阅读

**黄河起源地之神秘的青藏高原**

青藏高原是一片神奇的土地。它的西南面是雄伟的喜马拉雅山脉,世界陆地最高峰珠穆朗玛峰就坐落于此。它的中部横亘着冈底斯-念青唐古拉山系和喀喇昆仑-唐古拉山系,冈底斯山脉的主峰是冈仁波齐。它的北面则是号称"万山之祖"的昆仑山。

青藏高原还孕育了世界上许多伟大的河流:中华民族的母亲河——黄河和长江,中国最长的高原河流——雅鲁藏布江,印度的恒河及印度河,亚洲最重要的跨国水系湄公河(在中国境内叫澜沧江)等。众多人类古老文明的孕育和发展,都与它有关。

那么,你们知道青藏高原是如何起源的吗?

青藏高原虽在地质历史上属于年轻的高原,但其历史也可以追溯到奥陶纪。经历数亿年的起起伏伏,直到二叠纪,今天的青藏高原地区还是波涛汹涌的辽阔海洋。这片海域横贯现今的亚欧大陆南部,与北非、南欧、西亚和东南亚的海域沟通，地史上称为"古特提斯洋"。当时的海域气候温暖，是海洋动、植物发育繁盛的区域，但其南北两侧是已被分裂开的原始古陆（也称泛大陆），南边的大陆称为冈瓦纳大陆，包括今南美洲、非洲、澳大利亚、南极洲和南亚次大陆；北边的大陆称为劳亚大陆，包括今欧洲、亚洲和北美洲。

约2.4亿年前，由于剧烈的板块运动，印度板块以较快的速度开始向北方的亚洲板块移动、挤压，使其北部发生了强烈的褶皱断裂和抬升，促使昆仑山和可可西里地区隆升为陆地。随着印度板块继续向北插入古洋壳下，并推动着洋壳不断发生断裂，约在2.1亿年前，特提斯海域北部再次进入构造活跃期，北羌塘地区、喀喇昆仑山、唐古拉山、横断山脉逐渐脱离了海洋。

到了距今约8000万年前，印度板块继续向北漂移，又一次引起了强烈的构造运动。冈底斯山、念青唐古拉山地区急剧上升，部分地区也脱离海洋成为陆地。整个陆地地势宽展舒缓，河流纵横，湖泊密布，其间有广阔的平原，气候湿润，丛林茂盛。高原的地貌格局基本形成。这也是地质历史上常说的喜马拉雅运动。

随着印度板块进一步向北推进，并不断向亚洲板块下插入，青藏高原最终形成。然而，它的形成并不是一次就完成的，其抬升过程不是一次性的猛增，也不是匀速运动，而是经历了几个不同的上升阶段。每次抬升都使高原地貌得以演进。其上升速度曾几度达到停止，但有时也非常迅速。距今约1万年前，高原抬升速度曾达到每年7厘米，使之成为当今地球上的"世界屋脊"。今天的青藏高原中部以风化为主，而边缘仍在不断上升。

# 第二节　黄河流域系统的形成

黄河流域是指黄河水系从源头到入海，整条河流所影响的地理生态区域，位于东经96°~119°、北纬32°~42°之间，东西长约1900千米，南北宽约1100千米，流域总面积约79.5万平方千米（包含内流区面积4.2万平方千米），包括青藏高原、内蒙古高原、黄土高原和黄淮平原4个地貌单元。黄河流域是我国经济区域系统的重要组成部分，是居民日常生活和工农业生产活动的重要区域。可以说整个黄河流域是兼具自然—经济—社会的有机整体。

部分黄河流域航拍图

## 一、黄河流域水系组成

黄河水系由总干流和众多支流组成。其形成受控于多次地质运动的造山活动。其中，黄河上游，发育于青海高原"歹"字形构造体的首部位置，受控于秦岭—昆仑两大纬向构造；中游受祁（连山）吕（梁山）贺（兰山）"山"字形构造体控制；下游河段，受新华夏构造体的影响。这些构造运动，使黄河曲流环绕在巨型"山"字形构造体系之间，最终形成今日黄河的整体形态。

组成黄河水系的主干流蜿蜒曲折，素有"九曲黄河"之称。干流河道根据流域形成发育的地理、地质条件及水文情况，分为上游、中游、下游和11个河段。

河源至内蒙古自治区托克托县的河口镇是黄河的上游河段，流域面积约42.8万平方千米，约占全河流域面积的53.8%。黄河在此段穿越青海高原，流经20多个峡谷，山高坡陡，落差大，蕴藏着丰富的水力资源。黄河出青铜峡之后，地势平坦开阔，进入宁夏平原和内蒙古河套平原，那里水渠纵横交错，成为农业开发区。

河口镇至河南省郑州市的桃花峪是黄河的中游河段，流域面积约34.4万平方千米，约占整个流域面积的43.3%。在中游，黄河自河口镇急转南下，直至禹门口，将黄土高原分割，构成峡谷型河道，河水含沙量急剧增高，形成著名的多沙河。

郑州桃花峪至东营入海口是黄河的下游河段，流域面积约2.3万平方千米，约占整个流域面积的3%，由西向东流经华北平原。下游柳林口附近，由于大量泥沙淤积，河道逐年抬高，河床高出背河地面，形成著名的地上悬河。

除干流河道外，黄河的支流也是组成黄河水系的重要部分。其中，黄河的主要支流有白河、黑河、洮河、湟水、清水河、大黑河、窟野河、无定河、汾河、渭河、洛河、沁河和大汶河等。这些支流，对黄河水系影响极大。其中，最大的支流是渭河，第二大支流是汾河。此外，流域面积大于1000平方千米的大支流和大于100平方千米的一级支流数量众多。

除此之外，黄河水系还包括湖泊和干流峡谷，著名的扎陵湖、鄂陵湖、乌梁素海、东平湖是黄河湖泊的重要组成部分。与此同时，干流峡谷共有30余处。不同的水系最终形成黄河独特的流域系统。

黄河的部分支流

> 峰峦如聚，波涛如怒，山河表里潼关路。
> ——元·张养浩

## 二、黄河流域社会经济

黄河沿岸是我国早期进行农业经济开发的地区。流域上游的河套平原是干旱地区建设"绿洲农业"的成功典型；中游汾渭盆地是我国主要的农业生产基地之一；下游广阔的华北平原土层深厚，土质肥沃，是主要的粮食作物和经济作物的生产基地。除此之外，作为中华民族的发祥地，黄河流域沉淀了丰富的文化内涵，打下了坚实的物质基础。历史上出现了秦始皇统一中国、文景之治、贞观之治等繁荣兴盛局面。尤其在成吉思汗西征之后，东方贸易得到了空前发展，不同区域的文明交流，更加丰富了黄河流域政治、经济、历史、文化等内涵。这些厚实的物质文明和精神文明成果，在改革开放不断深化的进程中得到释放，从而形成黄河沿岸经济带开发的综合优势，为黄河沿岸经济的可持续开发提供了有利条件和有力支撑。

**黄河流域一瞥**

如今，黄河流域的经济发展承担着新时期区域经济协调发展的重要战略作用，不仅是实施西部大开发战略的重要突破口，中部崛起战略的客观要求，更是实现全国经济东中西联动的重要一环。随着国家对流域内基础设施建设的不断推进、沿岸产业结构的不断优化、生态保护的不断重视，黄河流域当前已初步形成优势互补、包容开放的流域社会经济带。

在这条大河的滋养下，两岸儿女用勤劳的双手开启了农耕文明，塑造出华夏之光。

今天，作为祖国未来的希望，我们要继承发扬黄河流域优秀的文化，砥砺奋进，让黄河流域散发更为馥郁的芬芳，为黄河流域综合发展再写华章。

# 第三节　善徙河道的历史变迁

## 一、"扇形摆动"的黄河河道

多泥多沙是黄河留给世人固有的印象，她也因"善淤、善徙、善决"的特点闻名于世。最近2000多年中，黄河历经二三十次改道，其中重大改道五六次，且集中发生在中下游地区，呈现出以下特征。

一是其决口所经的故道大致分为北流、东流和南流的河道。如北流的滹水、滹沱、御河等，东流的漯水、马颊河等，以及南流的泗水、汴水、涡水、颍水等河的河道。二是黄河决溢地点变化有一定的规律。如早期时常在河口段，以后逐渐向上移动，符合泥沙沉积与河流运动的整体规律。三是黄河决溢发生地与下游河道所经地貌条件有很大关系。如常发生于大清河的决口就与河道由宽广骤变窄狭有关。

这是由于黄河流经黄土高原后，携带大量泥沙到达下游河段，河水流速骤减，日积月累中，河床不断增高，并在下游地区形成了悬河。悬河的出现，使黄河在汛期随时可能面临决口，再加上生活在流域内的人们不合理地开发利用资源，造成森林、草原等生态系统的破坏，使黄河多次发生决口。历史上，黄河决溢范围北到海河，南达江淮，纵横约25万平方千米，涉及河南、河北、山东、安徽和江苏等地。

根据河流的主要流向，黄河下游河道的历史变迁大体可分为下面几个时期：

从春秋战国至北宋时期。黄河以北流为主，流经河北平原中部由渤海湾入海。春秋中叶，河道自河南浚县南改道折向东，又向东北经山东西北部，入河北境，沿着今卫河河道，向北汇合故道入海。北宋时期黄河下游河道虽有多次变化，但直到北宋末年黄河仍然保持在纵贯河北平原中部至天津入海的河线上。

南宋年间，为阻止金兵南下，滑县李固渡（今属河南滑县沙集镇）以西的河堤被扒开，使黄河东流，在今山东巨野、嘉祥一带汇入泗水，夺淮入海。

元代以后，黄河下游分成数股在今黄河以南、淮河以北、贾鲁河颍河以东、大运河以西的黄淮平原上不断泛滥、决口和改道。为保护祖陵不被淹和漕运的畅通，明朝政府尽可能使黄河的干流保持在开封、徐州一线上。

明嘉靖后期至清咸丰四年（1854）的300年间，黄河演变为单股汇淮入海。直至1855年，黄河在河南兰考决口，开始时分成三股洪水，都在山东寿张县张秋镇（今属山东阳谷县）穿运河，汇入大清河，由利津入海。此后，洪水在山东西南地区到处漫流，直到1876年伴随着全线河堤完成，黄河下游河道才趋于稳定。

## 二、黄河改道的原因探索

黄河改道是自然因素和人为因素共同造成的结果。黄河从内蒙古托克托县河口至禹门口穿行在晋陕峡谷之间，河床仅宽200~400米。一出禹门口，两岸突然开阔，有些地段甚至一马平川，毫无地形约束，河床扩展至几千米。到了老潼关和风陵渡之间，河道受到山岭阻隔，折向东流，形成一个狭窄的口子。在上游来水较大的夏秋季节中，河水无法从这个口子中及时宣泄，就会在禹门口以下这一段泛滥，河道任意东西摆动。到了下游平原地区，地势变得平坦宽广，在流经黄土高原时所携带的大量泥沙在此淤积，久而久之出现河道溃口，河水泛滥。

当然，人类战争与修堤驻防也是导致黄河改道的主要原因。战国时期，由于黄河的多次泛滥，人们开始在下游两岸较大规模地修筑堤防，使黄河结束了长期以来多股分流的状态，形成了第一次改道。之后，受下游严重水灾的影响，东汉的执政者动用大量兵士民工对黄河进行治理，固定了一条新的河道，使黄河从今天的河南濮阳分出故道，经范县南，在山东阳谷县西与漯水分流，至马颊河之间，于利津县入渤海，最终完成了黄河的第二次改道。

7世纪中叶以后，河南浚县、滑县至濮阳河段，由于河道狭窄，两岸土质疏松，下游决溢次数增多。同时，战争时常有人扒开河堤，以水代兵，造成河堤残破不全，使黄河有时北流，有时东流，有时两派并行，还有时进入梁山泊，分南北清河入海，变迁十分紊乱，形成了第三次改道。

北宋时期，黄河进入豫东北和鲁西南后，都在平原漫流，河床变得又宽又浅，很容易变化。两岸虽然也筑有堤防，却都是沙土构成，洪水一冲就垮。多股分流的局面长期存在，致使黄河再次改道。

元朝时黄河决口，分为3股：一股经陈留、杞县、睢县等地，由徐州入泗河；一股在中牟境内折而南流，经尉氏、洧川、扶沟、鄢陵等地，由颍河而入淮河；一股在开封境内折而南流，经通许、太康等地，由涡河而入淮河。这是黄河在历史上的第五次重大改道。至此，黄河已经在太行山东麓至黄淮平原西缘的整个华北平原上绕了一圈。

清朝时黄河在铜瓦厢（今属河南兰考县）决口，洪水先向西北淹了封丘、祥符等地，又向东漫流于兰阳、仪封、考城、长垣后，分成两股：一股出曹州东赵王河，至张秋穿运河；一股经长垣流至东明雷家庄后又分为两支，都向东北流至张秋镇，三支汇合后穿过张秋运河，经小盐河流入大清河，最后由利津牡蛎口入渤海。从曹州流出的那一股三四年后就淤塞了，后一股就成了黄河的正流。至此，黄河完成了六次大的改道。

黄河安澜是人民安居乐业、国家欣欣向荣的保证和象征。黄河的历史沿革、地理变迁都与两岸儿女息息相关。古往今来，无数华夏儿女，通过自己的双手解决黄河泛滥问题，在治理黄河的道路上发挥着自己的聪明才智，经历过挑战，又充满希望。黄河改道对历史进程产生过重大的影响，同时也承载着中华儿女的美好愿望，期待在中华民族伟大复兴中，黄河儿女不断创造新的文明。黄河万古流，中华民族的母亲河永葆青春。

### 延伸阅读

**古人对黄河治理的探索**

黄河在历史上经历了多次改道，这些改道也是人与自然共存探索的一次次尝试。由于黄河善淤、善决、善徙的特征，历史上，历代的两岸人民，充分发挥自己的所能，为黄河稳定贡献自己的力量。

传说中，鲧和禹为了治理黄河都作出了大量努力，而他们所用的方法，也代表了治理洪水的两种思路。

传说，上古时期暴发了一场大洪水，禹的父亲鲧带领人们对抗洪水。他用了9年时间修建堤坝。鲧的策略并没有奏效，未能缓解灾情。治水的重任落到大禹身上后，他放弃了鲧的思路，而是带领人们疏通河道，挖建沟渠，把洪水引导到其他河流中。经过多年的努力，咆哮的洪水消失了，农田在河流的灌溉下变得更加肥沃，最终缓解了黄河水患。

## 第四节　水资源短缺的母亲河

作为世界上著名的大河，黄河的总长度仅次于长江。然而，黄河虽长，水量却少，仅约占长江的10%。年径流量与世界上同级别的叶尼塞河、鄂毕河相比都小，是国内著名的"缺水"河流。

### 一、黄河"缺水"之因

水源不足和水量消耗过大是造成黄河流域缺水的两个基本原因。同时，地形地貌、气候和人类生产生活的影响进一步加剧了黄河水量的减少。

黄河流经的中下游地区，气候与地形条件特殊，缺少地下水的补给，使整体水量急剧下降。黄河上游地势较高，黄河下渗损耗量过大；到达第二级阶梯后，穿越黄土高原，携带大量泥沙，之后流经平原地区，并在此形成众多支流，进一步导致水流速度降低，输送泥沙的能力持续下降；到了第三级阶梯后，泥沙进一步堆积，形成"地上悬河"。同时，流域两岸植被遭破坏，使之出现严重的水土流失，再加上没有充足的地下水对河道进行补给，导致黄河虽然上游水量大，但中下游常年缺水。

与同起源于青藏高原的长江不同，黄河流域大部分地区位于干旱与半干旱气候带。气候导致流域内平均年降水量低于全国平均水平，因而地表径流水流较小。

同时，随着流域内工农业的高速发展，工业用水的需求量不断增加。沿岸的城市化驱动力也在持续加强，以城市群发展为特征的新型增长正在形成，这也需要大量的水资源供给。除了工业用水外，黄河流域还是我国粮食的主产区，流域的中下游更是全国小麦、玉米等经济作物的主要种植区，农业发展也需要大量水资源的支撑。这些原因，使黄河水被源源不断地开采，最终导致黄河中下游地区严重缺水。

## 二、水资源保护措施

为加强黄河流域生态保护，保障黄河安澜，推进水资源节约集约利用，国家已制定《中华人民共和国黄河保护法》等法律法规，以确保黄河流域生态环境的保护。同时，对黄河流域水资源实行统一调度，除生活等民生保障用水外，严格限制高耗水项目建设，确保黄河水资源高效利用。

黄河沿岸湿地

在黄河流域的规划中，要把水资源作为最大的刚性约束，合理规划人口、城市和产业的发展，坚决抑制不合理的用水需求，推动用水方式由粗放型向集约型转变。

黄河流域是我国重要的生态屏障，是连接青藏高原、黄土高原、华北平原的生态廊道。党的十八大以来，习近平总书记曾多次考察黄河流域，强调积极推进黄河流域生态保护和高质量发展，综合整治水土流失，稳固提升水源涵养能力，促进水资源节约集约高效利用。

我们要坚持绿水青山就是金山银山的理念，坚持生态优先、绿色发展，以水而定，量水而行，因地制宜，分类施策，加强源头保护，促进中下游生态建设、水源涵养，共同抓好大保护。只有这样，才能使我们的母亲河万年奔涌，奏响新时代澎湃的新乐章。

**延伸阅读**

### 曾经美丽的动物乐园

长期以来，中国北方常给人以干燥、尘土遮天的印象。水草丰美、温暖湿润、树木参天，似乎只是中国南方的专利。然而，史前的黄河流域不但气候比今天更加温暖湿润，而且植被茂密、犀象成群。在人类改变北方的地理景观之前，那里曾是动物乐园。

在内蒙古草原，游牧是许多牧民主要的生活方式，但那里数千年前的环境，跟现在的却大不相同。如今干涸的盐碱滩、河床、盆地和洼地，当年却是波光粼粼、水草丰茂的地方。乡村并非散落于贫瘠的干旱空旷地带，而是在其四周有草木丛生。围绕湖泊和在河流岸边所建的史前营地附近，考古学家发现了大量鸵鸟蛋的碎片。而亚洲象和犀牛，在当时也优哉游哉地生活着。在华北平原上，人类住在山洞里，附近是虎、豹、豺狼、野猪出没的森林，而麋鹿、马鹿和羚羊也漫游其间。在刀耕火种的农业尚未出现之前，史前人类过着渔猎生活。

仰韶文化遗址可能是证实这种变化的最佳案例。在仰韶扬名于考古界之前，它只是黄土高原上一个毫不起眼的小村庄。村子一半位于地面，另一半位于深沟边挖掘的窑洞里。如今的仰韶村，坐落于沟壑交织错落的地形上——但始建之时，却是地面平坦，点缀着池塘和溪流，树木繁茂。

虽然如今已经很难见到树，但从遗址中出土的灰烬、木炭和大量兽骨，都说明森林近在咫尺。另外，村民已经在用木料搭建梁柱。还有著名的半坡人面鱼纹陶盆，说明在很久以前，鱼曾是随处可见的动物。其他如野马、犀牛、獐子和梅花鹿的骨头，在遗址中都很常见，而今天这些动物早已了无踪迹。

麋鹿曾经是华北平原上常见的鹿科动物，商代出土的大量鹿角，可以证明它们的数量之多。麋鹿要求潮湿的生存环境，它们的天然栖息地通常是沼泽湿地。北方有规模数量的麋鹿似乎一直保持到周朝中叶。然而汉朝以后，因为栖息地的变化，麋鹿从华北平原消失，变成了长江流域特有的动物。

曾经湿润的华北平原，在人类出现、农业出现、人口增长之后，地理景观慢慢变成了今天的模样。因为被狩猎和栖息地的丧失，许多动物在华北永远消失。人类在短短数千年里就使那里变成了我们今天的样子。

## 第五节　黄河滋养的九个省区

黄河自西向东，奔腾入海，流经之地撑起了中华民族的精神脊梁，更润泽了流经地区的良田，解决了两岸居民的生活用水，可谓平衡南北方，协同东中西。

## 一、黄河塑造的流域景观

黄河流经的9个省区因地理差异，呈现出不同的景观特征。其上游河水澄莹、中游气贯长虹、下游蜿蜒摆动，呈现出源头之美、交界之美、逶迤之美、融合之美、成就之美、滋养之美、奔腾之美、富饶之美与入海之美。

青海：黄河发源之地。这里平均海拔高，年均气温低，以高原草场景观为主。万里黄河自此出发，一路奔流而下，劈千山，斩万壑，最终奔腾入海，形成了雄伟壮观的源头之美。

四川：黄河从青藏高原狂泻而至，进入四川省若尔盖县境内，突然一个潇洒的原地转体，在青海、甘肃、四川三省交界处形成了大转弯，展现出黄河的交界之美。

甘肃："九曲十八弯"。黄河自玛曲县正式进入甘肃境内，便浩浩荡荡奔涌，宛如一幅无比写意的绚丽画卷，在这里尽情发挥，九曲十八弯，挥洒出黄河的逶迤之美。

宁夏："因黄河而兴，因黄河而名"。对于宁夏，黄河显得尤为偏爱。黄河流域贯穿整个宁夏回族自治区，并借助得天独厚的地理因素，在这里形成著名的"塞上江南"——河套平原，更塑造出游牧文明与农耕文明的融合之美。

内蒙古：黄河上游与中游的分界点。内蒙古集黄河文化、游牧文化、农耕文化、草原文化于一体，是文化交融的沃土，是文明碰撞的结晶，更是万里长河的成就之美。

山西：民族的聚集地。山路弯弯，水随路转。黄河之水在秦晋两地的峡谷中蜿蜒逶迤，宛若一条飘逸的黄绸带惊艳了人们的目光，呈现出具有代表性的黄河自然景观，孕育了具有民族魂魄的黄河人文精神，形成了独具有魅力的黄河民俗文化，展示出伟大黄河的滋养之美。

陕西：黄河色彩的体验之地。黄河从高高的鄂尔多斯地台向南俯冲过程中，把黄土高原切成了两半，一半是陕西，一半是山西。咆哮的河水冲走黄土后，不停不息，硬是从岩石当中冲刷出了一条长长的峡谷——晋陕峡谷。深涧腾蛟，浊浪排空，黄河峡谷的典型风貌尽集于此，黄河呈现奔腾之美。

河南：中华粮仓之地。逶迤的黄河把她精华的内容留给了中原大地。在日积月累的冲刷与堆积中，土地肥沃的华北平原最终形成。利用黄河水的便利，中原儿女将自己辛勤的汗水洒在肥沃的土地上，培育出一批批高产的农作物。今日的中原地区早已成为祖国重要的粮仓，体现着现代国家的富饶之美。

山东：黄河的归宿之地。万里黄河，经过一路奔腾，流经齐鲁大地后，最终汇入渤海，形成宏伟的入海之美。山东是沿黄又沿海的省，黄河入海口的神奇魅力，时时刻刻都在激励着人们只争朝夕、奋力进取。

黄河流经不同省市的景观

## 二、黄河养育的两岸居民

作为中华民族的母亲河,黄河生生不息、日夜奔腾,养育了两岸居民,也造就了不同的生产生活方式,形成了人类早期的农耕文明。

由于黄河流域以干旱、半干旱气候区为主,沿岸人民根据特殊的气候地形条件形成了一套以农耕为主的文化体系。现代考古遗址显示,黄河流域原始文化的重要代表之一半坡文化,正是居住在今天陕西西安半坡村的居民留下的。当时,他们已经学会喂养家畜和种植庄稼。他们还会用鱼叉或鱼钩捕鱼,用纺轮制作麻衣,会制造色彩斑斓的陶器。而居住的房屋多是半地穴式,即从地表向下挖出一个方形或圆形的穴坑,在穴坑中埋设立柱,然后沿坑壁用树枝捆绑成围墙,内外抹上草泥,然后架设屋顶。屋内,地面修整得十分平整,中间有一个灶坑,用来烧煮食物、取暖和照明。然而,由于黄河流域范围广大,在黄河不同河段沿岸的居民,有着明显差异的生产生活方式。

**1. 上游地区**

黄河源区属高原地带,年平均气温较低,但草场丰盈,水资源丰富,沿岸居民以牧民为主,畜牧业是他们主要的生产生活方式。但是,相隔一定距离的河套地区人民的生活方式则大不相同。

河套地区通常是指黄河经宁夏北流至内蒙古巴彦淖尔市磴口与临河之间,以乌加河为主干道东折,然后流经包头、托克托县,再南折流往山西河曲、保德,包括鄂尔多斯高原及后套平原、前套平原的总称。在黄河的滋养下,在沙漠和草原腹地形成了肥沃的土地,这也让后人有了"黄河百害,唯富一套"的美誉。

然而,河套平原的富饶并非一蹴而就的。由于黄河河段"摇摆不定",沙洲遍布,降水量不足,之前的河套平原是充满沼泽的苦瘠之地。直至西汉武帝时期,今天的河套平原重归中原王朝。汉王朝在这里设置了郡县,并实施修筑城池、迁民屯垦和军事屯田等一系列措施。农耕民族把先进的水利技术带到塞外。然而,人工灌溉无法从根本上解决其缺水问题,直至黄河在清道光年间的改道才最终形成有效的灌溉地形水系。

如今的河套平原,早已变成著名的"塞上粮仓"。平原上的纵横河渠密如织网,辐射在阡陌交错的农田上。除了十几条大的干渠,干渠周围还有千余条次干渠、支渠、次支渠。正是有了它们,河套平原才真正变成了富饶的"塞外天府"。

优越的地理环境和特殊的历史原因，带来了河套平原上特殊的生产生活方式。河套平原是农耕文明和游牧文明的中间地带，因此，这里的居民通常兼具游牧与农耕的双重生产生活方式。

**2. 中游地区**

受黄土高原的影响，中游的黄河两岸人民形成另一种生活方式。中游流域的先民依河而居，他们平日忙于农耕，以莜面、黍类等为主食，并结合黄土高原这一地理特色，利用天然山体或者土岭建造房屋（窑洞）。同时，他们借助黄河为渠道，连接上游和下游地区。

**3. 下游地区**

黄河下游地区以华北平原为代表，主要是黄河冲刷所形成的广阔平原。作为中国的第二大平原，其地势低平，土层深厚，土质肥沃，生产小麦、水稻、玉米、高粱、谷子和甘薯等粮食作物，是我国重要的粮食生产基地。居住于此的人民，利用先进的农耕生产方式，培育出多种优质的粮食作物，以稳定食物来源，确保生活质量。

滔滔黄河自青藏高原奔流而下，一路上用其无私、包容和不屈的精神塑造出一座座历史名城，养育了无数中华儿女，更留下了黄河文明印记。

## 三、黄河造就的两岸文明

在历史长河中，黄河用开天辟地的力量，打破层层山峦阻隔，勾勒出如今神州大地的轮廓。她也用滋养万物的柔，泽被四方，塑造出我们生生不息的国家与民族。

黄河流域内文化底蕴深厚，博大精深，犹如黄河水系源远流长。半坡文化、老官台文化、裴李岗文化、磁山文化、贾湖文化、仰韶文化、龙山文化、北辛文化、大汶口文化、马家窑文化等中华文明历史上占有重要地位的古文明大都在黄河流域孕育和发展。经过夏商周三代文明的发展以及与周边文化的交融，黄河流域最终形成了以中原文明为主根主脉的黄河文明，且长期位居中华文明的政治、经济和文化中心。可以说，在历史发展的长河中，黄河文明萌发、成长、壮大，又先后融汇了黄河支流上多民族的地方文化，逐渐凝结成浩瀚渊深的黄河文化。她犹如一个伟大的生命自强不息，历尽沧桑，永不间断地向前发展。

黄河文化这一幕幕生动的历史昭示人们：任何文化的发展既必须立足于自己传统的根基之上，同时又必须善于吸收外来文化的有益成分，这样才能使自己充满生机与活力而长盛。黄河文化的精神与性格，形成了兼收并蓄的气度，接纳百川，汇聚千流，终于铸成中华民族博大精深的文化内涵。作为我们的母亲河，她用辽阔的胸怀养育着两岸的无数中华儿女，用不息的精神影响着代代人民。

### 延伸阅读

**黄河对中国意味着什么**

通过本章的学习，我们了解到黄河是中华文明的重要起源地，是中华民族的母亲河。黄河也曾是高悬于冀、鲁、豫、皖、苏五省上空的一柄长剑，是频繁决口与改道的天下第一"祸河"。

黄河在华夏大地上滚滚前行，给她的儿女诉说着无尽的眷恋。黄河漫水过后，沉淀下大片湿润的淤泥，土地肥沃，成为一个古老文明率先破土萌发的黄金岸滩。石器时代、青铜时代、铁器时代的先民都曾在黄河两岸创造出璀璨的文化。

除了南京和北京，中国自古的朝代中心大都在黄河流域，西安、洛阳、开封、安阳……黄河屡屡决堤，历史在河水中消散，而人们却不断从崭新的土地里昂然起立。

历经无数次黄河泛滥与战火洗礼的开封，被认为是世界上唯一一座中轴线不曾更改的城市。而在城市深埋的地基里，承托着一座接一座的国都古城。

"城摞城"是奇观，而人们在陨落的废墟里不断复兴辉煌，这份生生不息的坚持、百折不挠的韧性以及开篇再书大手笔的胸怀是更为难得的奇迹。

沧海桑田，故园不改。无论是洪水、战争，还是其他的患难，都不可能更改中国人的家国情怀。这是黄河塑造出的淳厚民族性格。

# 第二章 大河衍生

## 课前导读

黄河是一条源远流长、滋养万物的生态之河，宛如一条巨龙，横跨我国地势三大阶梯，穿越青藏高原、内蒙古高原、黄土高原和华北平原，塑造了千姿百态的地形地貌，连接了类型多样的生态单元，养育了各具特色的生物群落，塑造了独特的生态景观，创造了充满活力的河流生态系统。

## 第一节 千姿百态的生态系统

生态系统是指在自然界特定的空间内，生物与环境构成的统一整体。在这个统一整体中，生物与环境之间相互影响、相互制约，并在一定时期内处于相对稳定的动态平衡状态。可以根据研究目的和对象，划定生态系统的范围。最大的范围是整个生物圈，包括地球上的一切生物及其生存条件。小的范围如一片森林、一块草地、一个池塘，都可以看作是一个生态系统。

黄河流域不同生态系统

## 一、黄河流域的生态系统类型

黄河流域生态系统类型包括草地生态系统、农田生态系统、森林生态系统、荒漠生态系统、水体及湿地生态系统、聚落生态系统等,以草地生态系统、农田生态系统和森林生态系统为主。

截至 2020 年底,草地、农田、森林三者占全流域面积的比例分别为 48.4%、25.1% 和 13.5%,其他生态系统类型的面积占比相对较小。从空间分布上看,草地广泛分布于黄河流域的上、中游地区;农田主要分布于黄河流域北部"几"字周边的宁蒙灌区以及中下游南部的山西、陕西、河南、山东等地;森林主要分布于黄河流域中上游的山区。荒漠主要分布于黄河流域中北部的内蒙古自治区、宁夏回族自治区等,青海也有少量分布。湿地主要分布于黄河上游源头区、黄河中游和黄河河口三角洲地区。

黄河流域的农田

草地生态系统是指在中纬度地带大陆性半湿润和半干旱气候条件下,由多年生耐旱、耐低温、以禾草占优势的植物群落的总称,是以多年生草本植物为主要生产者的陆地生态系统。草地生态系统具有防风、固沙、保土、调节气候、净化空气、涵养水源等生态功能。草地生态系统是自然生态系统的重要组成部分。

农田生态系统是指人类在以作物为中心的农田中，利用生物和非生物环境之间以及生物种群之间的相互关系，通过合理的生态结构和高效生态机能，进行能量转化和物质循环，并按人类社会需要进行物质生产的综合体。它是农业生态系统中的一个主要亚系统，是一种被人类驯化了的生态系统。农田生态系统不仅受自然规律的制约，还受人类活动的影响；不仅受自然生态规律的支配，还受社会经济规律的支配。

森林生态系统是森林生物与环境之间、森林生物之间相互作用，并产生能量转换和物质循环的统一体系，可分为天然林生态系统和人工林生态系统。与农田生态系统相比，其生物种类更为丰富、层次结构较多、食物链较复杂、光合生产率较高，所以生物生产能力也较高。在陆地生态系统中具有调节气候、涵养水源、保持水土、防风固沙等方面的功能。

荒漠生态系统是由超强耐旱生物及其干旱环境所组成的一类生态系统。由于水分缺乏，植被极其稀疏，甚至有大片的裸露土地，植物种类单调，生物生产量很低，能量流动和物质循环缓慢。荒漠包括戈壁和沙漠，戈壁是指石质或砾质的荒漠，沙漠则是指沙质的荒漠。

湿地生态系统是湿地植物和栖息于湿地的动物、微生物及其环境组成的统一整体。黄河流域湿地主要包括黄河源区湿地、若尔盖草原区湿地、宁夏平原区湿地、内蒙古河套平原区湿地、毛乌素沙地区湿地、三门峡库区湿地、下游河道湿地、河口三角洲湿地等8个分布区，总面积约为280万公顷，约占全国陆域湿地总面积的8%。黄河湿地生态系统对保护水源、净化水质和水土保持具有重要作用，不仅可以蓄水滞洪、调节气候、净化水体，还可以保护和繁衍珍稀野生动植物。

聚落生态系统是一个以人为核心，建筑物为主体，聚落周围环境和自然资源为基础的半人工半自然和半开放的生态系统，包括村落生态系统和城市生态系统两类。其中，村落生态系统是以村落（自然村落和行政村落）为基础，以农村人群为核心，伴生生物为主要生物群落，建筑设施为重要栖息环境的人工生态系统；城市生态系统是以城市居民为主体，以地域空间和各种设施为环境，通过人类的生产与生活活动在自然生态系统基础上改造和营建出来的人工生态系统。

## 二、脆弱的生态本底

黄河自西向东流经3个地理阶梯，塑造出多种生态类型，却是生态本底最为脆弱的大河之一，加之人类活动的持续干扰，目前黄河流域的生态问题，主要表现在以下几个方面：

一是湿地面积萎缩。随着人类高强度、大规模的开发以及降水的减少，湿地面积萎缩，黄河三角洲河口湿地曾一度出现退化。此外，在气候变化和人为活动的影响下，黄河河源区也出现了降水量偏少、冰川退缩、部分湖泊湿地萎缩、河川径流减少，甚至出现断流现象。

二是草地生态系统退化。受人类活动影响，黄河上游尤其是河源区的天然草地存在退化问题。2017年，黄河上游地区的青海省、甘肃省、四川省、宁夏回族自治区、内蒙古自治区的天然草原平均超载率在10%以上，天然草地退化率为60%～90%。此外，过度放牧等引起草场退化、荒漠化面积不断增加，致使黄河源区的高覆盖高寒草原、高覆盖高寒草甸以及中覆盖高寒草原的面积减少。再加上三江源地区仍有退化草地尚未恢复，草地退化局面未根本扭转。甘南黄河重要水源补给生态功能区的天然草原出现不同程度退化。

三是荒漠化问题。鄂尔多斯高原及其周边地区是我国重要的风沙活动区，近年来国家对库布齐沙漠、毛乌素沙地的治理取得了一定成效，但局部区域沙化和荒漠化趋势尚未根本遏制，人口密度较大的区域荒漠化趋势极易出现反复现象。河套平原区存在土地盐碱化、湖泊沼泽化、水质恶化问题。

四是水土流失问题。黄土高原生态环境比较脆弱。由于黄土颗粒细，土质松软，容易被流水侵袭，形成支离破碎的景观。黄土高原地区的水土保持功能极其重要，直接关系到中下游地区的防洪安全与生态安全。我国在黄土高原实施了梯田和淤地坝建设、小流域综合治理、"三北"防护林建设、退耕还林（草）、坡耕地整治和治沟造地等一系列水土保持工程措施，水土流失范围逐渐缩小、程度减轻，入黄泥沙量显著下降，取得了显著的生态效益。但由于区域敏感脆弱的生态本底加上人类活动的影响，目前区域水土流失问题依然存在，黄土高原部分地区土壤侵蚀依然剧烈。

黄土高原

因此，流域生态的恢复与保护显得尤为重要。我们需从黄河流域生态现状出发，因地制宜地制定修复和保护方案，筑牢黄河流域的生态安全屏障，让母亲河成为绿色的生态长廊，成为造福人民的幸福之河。

## 三、独特生态系统的形成原因

黄河流域横跨我国三个气候带，穿越不同的地貌单元，加之脆弱的生态本底，使之形成独特的生态系统。

黄河流域约65.6%的区域为干旱、半干旱地区，有75%以上的区域属于中度以上脆弱区，远高于全国的平均水平。相比于长江和珠江，黄河水沙通量对气候变化和人类活动的响应更为敏感，脆弱性也更高。

黄土高原的沟壑纵横也是由于人类活动以及气候变化而形成的独特地貌。黄土高原是黄河泥沙的主要来源。黄河流经的华北平原可以说是黄土的产物。泥沙在黄河下游堆积，形成平原等地形，经过漫长时间的积累，造就了黄河流域独特的生态系统。正是黄河和许多发源或流经黄土高原的河流所携带的黄土，造就了中国这块富饶的平原。黄土高原与华北平原的地理演变，就是黄土高原水土流动的真实写照。

> **延伸阅读**
>
> **黄河流域之三级阶梯**
>
> 黄河流域自西向东跨越了我国的三级阶梯。流域西部的青藏高原为第一级阶梯，平均海拔达4000米，分布着一系列西北—东南向的山脉及分布其间的高原湖盆。流域最高点为海拔约6282米的阿尼玛卿山主峰。南缘的巴颜喀拉山，是黄河与长江上游通天河的分水岭，横亘于流域西北部的祁连山为黄河流域与西北内陆地区的分界线。
>
> 第二级阶梯以太行山为东界与海河流域相接，由内蒙古高原和黄土高原组成，海拔在1000~2000米之间。黄土高原北起长城、南达秦岭、西抵乌鞘岭、东至太行山，面积约64万平方千米，是世界上最大的黄土集中分布区。内蒙古高原南部包括河套平原和鄂尔多斯高原。鄂尔多斯高原三面为黄河环绕，南面以长城为界，北部是库布齐沙漠，南部为毛乌素沙地，是一个干旱缺水、风沙严重的地区。
>
> 第三级阶梯从太行山山脉以东直达海滨，由黄河下游冲积平原、河口三角洲和鲁中丘陵组成，涉及豫、鲁、冀、皖和苏5个省，面积约25万平方千米。由于黄河下游河床、河堤大多高于地面，黄河只是穿行而过，流域面积狭小，黄河河道甚至成为海河与淮河流域的分水岭，其北属海河流域，其南属淮河流域。

# 第二节 丰富多样的生物群落

黄河流经之地既有高寒草甸、戈壁荒漠、温带草原、河湖湿地、河口三角洲，又有城市农田。多样的生态环境和优越的地理位置也孕育出丰富的生物类型。

## 一、黄河流域生物分类

### 1. 水生生物

据不完全统计，黄河流域现存鱼类130多种，底栖动物38种（属），水生植物40余种，浮游生物333种（属）。流域内分布有秦岭细鳞鲑、水獭、大鲵等国家重点保护野生动物。黄河流域浮游植物以绿藻门、硅藻门、蓝藻门为主。浮游动物包括轮虫、枝角类、桡足类等。底栖动物有节肢动物门昆虫纲等种类。

黄河流域鱼类资源颇丰，有鲤形目、鲇形目、鲈形目等。黄河流域干、支流和重要附属水体的经济鱼类有鲫鱼、鲤鱼、鲢鱼、鳙鱼、草鱼、乌鳢等，其中黄河鲤鱼颇负盛名。

黄河鱼类多样性面临着水电开发、水资源过度利用、水域污染、渔业捕捞和外来物种入侵等威胁。因此，亟须加强对黄河流域鱼类资源的保护，同时规范鱼类人工增殖放流活动，恢复水域天然渔业资源，保护黄河水生生物多样性和促进生态环境的良性循环。

**2. 湿地生物**

黄河湿地主要分布于黄河上游源头区、黄河中游和黄河河口三角洲地区。

（1）鸟类资源

黄河流域的湿地以及多样性的环境孕育了丰富的野生动植物资源，也为鸟类提供了良好的栖息、觅食环境。虽然黄河流域中的湿地覆盖率低于全国平均水平，但流域内湿地类型以天然湿地为主，湿地生态环境较好。有些湿地水源充足，植被丰富，水文条件独特，浮游生物繁盛，适宜鸟类聚集，被称为"鸟类的国际机场"。

东方白鹳

黄河流域是"东亚—澳大利西亚候鸟迁徙路线"和"中亚候鸟迁徙路线"上水鸟的关键栖息地。黄河流域鸟类整体物种多样性由南向北递减，以黄河上中游川西、甘南、陕北的高原与山地鸟种最为丰富。

下游的三角洲保护区孕育了我国暖温带气候区最完整的湿地生态系统，数以千计的东方白鹳、黑嘴鸥等珍稀鸟类在此繁衍生息穿行在黄河三角洲保护区，常常能看到电线杆上直径数米的东方白鹳巢。自2002年以来，保护区先后实施了一系列湿地恢复和生态补水工程，并建设东方白鹳人工招引巢、实施东方白鹳繁殖栖息地保护改善工程，良好的生存条件为东方白鹳顺利繁殖提供了保障。

> **知识小卡片**
>
> 东方白鹳属于大型涉禽，被誉为"鸟中国宝"，是国家一级保护动物，常在沼泽、湿地、塘边涉水觅食，主要以小鱼、蛙、昆虫等为食。
>
> 东方白鹳体态优美，长而粗壮的嘴十分坚硬，呈黑色，仅基部缀有淡紫色或深红色。

（2）植物群落

湿地内的主要植物群落有：（1）芦苇群落，主要分布在沼泽地带；（2）香蒲群落，常伴生芦苇、水葱，主要分布在黄河滩涂长期或季节性积水地带；（3）马蔺群落；（4）碱蓬群落，主要分布在滩涂盐碱地区；（5）小香蒲—水葱群落，主要分布在无地表积水且土壤湿度大的地方；（6）稗子群落，主要分布在漫滩地；（7）柽柳群落；（8）草甸群落，以禾草为主；（9）人工林群落，以刺槐、杨、柳为主。

## 二、不同区域代表性生物群落

黄河流域幅员辽阔，山脉众多，水文条件优越，山林资源丰富，森林覆盖率高。流域内林地、牧草地等自然资源十分丰富。良好的环境为黄河流域丰富的生物多样性奠定了基础，其中，上、中、下游不同区域的生物多样性具有明显差异。

青海省分布的珍稀野生动物有：棕熊、雪豹、野牦牛、藏野驴、藏羚、白唇鹿、黑颈鹤、大天鹅等。

甘肃省地貌复杂多样，野生动物约占全国野生动物种类的30%，主要分布在陇南山区、河西走廊、祁连山区以及甘南高原的森林地带。其中有国家一级保护野生动物黑颈鹤、大熊猫、金钱豹、雪豹、金丝猴等。

宁夏回族自治区森林覆盖率约为14.6%，共有国家重点保护野生动物51种，其中有国家一级保护野生动物金钱豹、黑鹳等，有国家二级保护野生动物白琵鹭、红腹锦鸡等。

内蒙古自治区地貌结构复杂多样，森林、草原面积均居全国首位，是中国北方面积最大、最为重要的生物多样性资源聚集地区。鸟类种数占全国的近三分之一，兽类种数约占全国的五分之一。

白琵鹭

山西省地处黄土高原东部、华北平原西侧，四周山环水绕，域内高山横亘、丘陵连绵，有"表里山河"之称。古代的山西是森林茂密之地。山西陆栖脊椎野生动物种类丰富。其中，褐马鸡、黑鹳、华北豹、原麝为山西四大旗舰物种。

陕西省物种资源十分丰富，陆生野生动物约占全国的30.4%，包括国家一级保护野生动物，如大熊猫、川金丝猴、金钱豹等；国家二级保护野生动物，如中华鬣羚、猞猁、红腹角雉、青鼬等。

褐马鸡

### 知识小卡片

金丝猴为国家一级保护野生动物，栖息于海拔1200~3000米的阔叶林、针阔混交林和针叶林3个林带中，尤以海拔1500~2800米的针阔混交林为其常年主要活动场所。

河南省地处中原地区，自古被誉为"天地之中"。这里地貌复杂，太行山脉、伏牛山脉、桐柏山脉和大别山脉环绕于北、西、南三面，东部则平畴千里，是黄淮海冲积平原。优越的自然环境孕育出丰富的生物资源，包括国家一级保护野生动物朱鹮、大鸨、东方白鹳、黑鹳、金钱豹等。太行山更是猕猴的重要活动场所。

朱　鹮

山东省位于我国华东地区，中部山地突起，地形以山地丘陵为骨架，平原盆地交错环列其间，有国家一级保护野生动物、二级保护野生动物和省级重点保护野生动物及列入濒危野生动植物种国际贸易公约附录的动植物。山东地处"东亚—澳大利西亚"鸟类迁徙通道中心，每年春秋两季，数以百万计的候鸟迁徙经过，在此停歇取食。其鸟类种类多、数量大，多为国际重要迁徙物种。

黑　鹳

29

生物多样性是地球生命经过几十亿年发展进化的结果，是人类赖以生存和持续发展的物质基础。但是，随着环境遭受污染与破坏，比如砍伐森林、破坏植被、滥捕乱猎、滥采滥伐等，如今世界上的生物物种正在以超越历史上任何时期的速度消失。而物种一旦消失，就不会再生。消失的物种不仅会使人类失去一种自然资源，还会通过生物链引起连锁反应，影响其他物种的生存。由于人类对自然资源的掠夺性开发利用，若干年来，丰富的生物多样性已受到严重威胁，许多物种正变成濒危物种。

生物多样性与我们的生活息息相关，每年的5月22日为国际生物多样性日。习近平总书记曾指出："当前，全球物种灭绝速度不断加快，生物多样性丧失和生态系统退化对人类生存和发展构成重大风险……人与自然是命运共同体。我们要同心协力，抓紧行动，在发展中保护，在保护中发展，共建万物和谐的美丽家园。"

目前，黄河流域生态保护和高质量发展已提升为国家战略。黄河流域生物多样性保护作为黄河流域生态保护和高质量发展战略的重要支撑，需要我们为生物多样性保护贡献自己的力量，共建美好家园！

## 延伸阅读

### 黄河鲤鱼

黄河鲤鱼在我国是一种古老的养殖鱼类。《诗经》中"岂其食鱼，必河之鲤"的"河之鲤"说的就是黄河鲤鱼。黄河鲤鱼体形修长，鳞片金光闪烁，鳍尖部鲜红，内脏相对少，骨骼相对小，肉质肥厚、细嫩鲜美，和普通的鲤鱼有明显的不同。黄河鲤鱼的外形特点常被描述为"金铠甲、红尾巴，头到尾一尺八，眼似珍珠鳞似金……"在黄河流域，素有"无鲤不成席""诸鱼之长""鱼中之王""吉祥鱼"之说，"鲤鱼跳龙门"的动人故事更是流传至今。因此，它被誉为我国四大名鱼之一，有"淡水鱼王"的美誉。

黄河河流中的泥沙夹杂着大量的矿物质、营养盐、水草，水温、光照也很适合鲤鱼生长。一般池塘养的鲤鱼习惯在水底的淤泥里拱来拱去吃东西，腹腔内大多有一层黑膜，肉吃起来有土腥味，而真正的黄河鲤鱼，腹腔内几乎没有黑膜，肉质细嫩，没有土腥味，鱼肉甚至带着清香。

# 第三节　多姿多彩的生态景观

## 一、黄河流域的生态景观

生态景观是社会、经济、自然复合生态系统的多维生态网络,包括地理格局、人文景观、水文和气候条件、生物资源等,是在时、空、量、构、序范畴上相互作用形成的人与自然的复合生态网络。它不仅包括有形的地理和生物景观,还包括无形的个体与整体、内部与外部、过去和未来。

现在,我们从空间领域探索,通过地理、人文、气候全方位地揭示黄河流域的生态景观。

**1. 地理景观**

前文介绍黄河横跨我国三个地貌单元、九个省区,形成不同的地理景观。

其中,上游河道为河源至内蒙古托克托县。龙羊峡以上河段是黄河径流的主要来源区和水源涵养区,也是我国三江源自然保护区的重要组成部分,被誉为"中华水塔"。

中游河段为河口镇至河南郑州桃花峪,主要为黄土高原地区,水土流失严重,是黄河洪水和泥沙的主要来源区。

下游河段为桃花峪以下至入海口,现状河床高出背河地面4~6米,比两岸平原高出更多,已成为淮河和海河流域的分水岭,是举世闻名的"地上悬河"。

同时,黄河随着入海口的淤积或延伸或摆动,入海流路相应改道变迁,摆动范围北起徒骇河口,南至支脉沟口,扇形面积约6000平方千米,年平均净造陆面积约24平方千米,形成我国最广阔、最完整和最年轻的原生湿地生态系统。

**2. 人文景观**

在中国文明的发展史中,黄河文化是有代表性、影响力的主体文化。正如尼罗河之于古埃及,两河之于古巴比伦,印度河、恒河之于古印度,黄河是中华文明主要的发源地,其流域两岸留下大量人文景观。

位于山西芮城县的西侯度遗址是黄河流域内珍贵的人文景观之一。该遗址为湖相沉积,东北高,西南低,西至黄河滨,东至华望村,与黄河相接,是目前华北最早的旧石器文化遗址。该遗址中大量石器、烧骨的出现证明了黄河流域的人们在距今180万年前就已开始运用工具和火种。

位于山西永济的尧王台遗址也是黄河流域内代表性的人文景观之一。该遗址南依中条山，西临黄河。

除此之外，黄河两侧的人文景观还有很多，如蒲州古城、禹王遗址、古魏国城遗址等。九曲十八弯的黄河，孕育出丰富的华夏文化，这正是黄河儿女博大精深的精神体现。

### 3.气候景观

黄河流域年平均气温约6.4℃，降水量年内、年际分配不均匀。

第一，季节差别大、温差悬殊。温差悬殊是黄河流域气候的一大特征。总的来看，随地形三级阶梯，自西向东由冷变暖，气温的东西向梯度明显大于南北向梯度。上游青海省久治县以上的河源地区为"全年皆冬"；久治至兰州区间及渭河中上游地区为"长冬无夏，春秋相连"；兰州至龙门区间为"冬长（6～7个月）、夏短（1～2个月）"；流域其余地区为"冬冷夏热，四季气温变化分明"。到了清明时节，黄河流域及以南的地区几乎不再下雪。

第二，降水集中，分布不均，年际变化大。黄河流域大部分地区年降水量在200～650毫米之间，中上游南部和下游地区多于650毫米。深居内陆的西北宁夏、内蒙古部分地区，其降水量却往往不足150毫米。降水量分布不均，南北降雨量之比大于5。每年7月下旬至8月上旬（称"七下八上"）是我国黄河中下游地区的雨季。流域内冬干春旱，夏秋多雨。

第三，湿度小，蒸发大。黄河中上游是国内湿度偏小的地区，例如吴堡以上地区，平均水汽压不足8百帕，相对湿度在60%以下。特别是上游宁夏、内蒙古境内和龙羊峡以上地区，年平均水汽压不足6百帕；兰州至石嘴山间的相对湿度小于50%。

黄河流域蒸发能力很强，年蒸发量可达1100毫米。上游甘肃、宁夏和内蒙古中西部地区属国内年蒸发量最大的地区，最大年蒸发量可超过2500毫米。

第四，极端天气较多。冰雹是黄河流域的主要灾害性天气之一。黄河上游兰州以上地区和内蒙古境内全年冰雹日数多超过2天，特别是玛曲以上和大通河上游地区多达15～25天，成为黄河流域冰雹最多的区域，也是国内的冰雹集中区。

流域内地质条件和植被状况多引起大风，形成沙暴和扬沙。据统计，流域内的宁夏、内蒙古境内及陕北地区，由于多年平均大风日数均在 30 天以上，区域内又有腾格里沙漠、乌兰布和沙漠和毛乌素沙地，全年沙暴日数大多在 10 天以上，扬沙日数超过 20 天。

与此同时，作为东北亚内陆和环西太平洋鸟类迁徙的重要越冬地和繁殖地，其特有的原生湿地系统和湿地生物资源，在世界生物多样性保护中具有重要地位。

黄河在其流经区域形成了雄浑大气又美丽动人的生态景观，在自然格局、人文特色上留下了绚丽多彩的画面。

## 二、上、中、下游代表性景观

由于跨越时限长，流经范围广，在整个黄河流域早已形成十里不同景、百里不同俗的景观特色。滔滔黄河，百转千回，由于地理环境、地质作用的综合影响，大自然的鬼斧神工在黄河的上、中、下游塑造出无数著名的自然奇观。

黄河源区生态景色

**1. 上游景观代表**

黄河之水，涵养而来。由于上游多分布高山、丘陵，黄河源区湖泊和沼泽众多，孕育了多种典型的高寒生态系统，其中湿地是源区重要的生态系统。黄河上游的扎陵湖、鄂陵湖等是黄河重要的水源涵养地。

上游的河源区域常年覆盖白雪，区内包括湖泊湿地和巴颜喀拉山区。巴颜喀拉山的雪山冰川则为黄河源区提供水源，著名的三江源国家公园也坐落于此。

高山和平湖共同组成黄河源区的天然供水系统。巴颜喀拉山上的皑皑白雪和晶莹的峡谷冰川，山前构造盆地中蓝宝石般的姊妹湖、辫状交织的河曲、丰美辽阔的草甸湿地，构成了一幅壮美的画卷。高山冰川与构造湖盆及其水循环生态系统最终形成了黄河源头的地貌奇观。

**2. 中游景观代表**

黄河流域第二级阶梯东以太行山为界，分属于内蒙古高原和黄土高原，其中，黄土高原占大部分。"九曲黄河万里沙，浪淘风簸自天涯。"黄土高原大部分为黄土覆盖，其土质疏松、脱水固结快、易侵蚀崩解，水土流失严重，是黄河泥沙的主要来源。

在中游吕梁山和黄龙山之间，雪山冰川与高原湖盆彼此相依，相互映衬，形成了恢宏磅礴的"谷中谷"壶口瀑布。

壶口瀑布位于山西和陕西交界的黄河主河道，晋陕大峡谷的南段，为中国第二大瀑布，也是黄河主干河道上的唯一瀑布。壶口瀑布之奇在于，原本400多米宽的河面在"壶口"上端处突然收缩成40米左右，从高处的宽谷突然冲进"谷中谷"的窄谷，在窄谷的前端陡坎处三面环谷奔涌而下形成瀑布。瀑布并非常见的平面，而是从任何角度看均有立体感的奇特瀑布景观，可谓激流汹涌、水

黄河中游壶口瀑布

珠四溅、怒浪滔天、虎啸龙吟、声震百里。

瀑布下"窄谷"的河床两壁沉积岩层,在强大的流水动力侧向冲击侵蚀下和多向节理的"配合"中,形成凸凹参差的万千石窝,而成为直立在岩壁上的"壶穴"群,与瀑布组合成震撼无比的地貌奇观,呈现出"千里黄河一壶收"的气概和"黄河之水天上来"的气势。

### 3. 下游景观代表

河口湿地,美丽画卷。有人说,黄河三角洲是黄河送给渤海湾的礼物。的确,黄河万里奔腾,数次改道,蜿蜒入海,由此冲积成黄河三角洲这片年轻的土地。黄河三角洲是黄河冲积扇与滨海交汇的特殊沉积地貌,拥有世界罕见的河口湿地生态系统。

黄河自海拔约5000米的源头,在中下游携带巨量泥沙缓缓进入渤海,在黄河三角洲地区形成巨大的河海交汇的冲积扇奇观。黄河三角洲的冲积扇中的2300多平方千米的土地为1855年以来黄河造陆而成。

位于山东省东营市的黄河三角洲是现代黄河三角洲(之所以称为"现代",是因为历史上黄河改道形成过若干三角洲)。现代黄河三角洲已然成为中国暖温带保存最完整、最广阔、最年轻的湿地生态系统,在世界范围内极具代表性,这里至今还在不断增长,也是世界上增长最快的陆地。

**黄河入海口三角洲航拍图**

纵观黄河历史,她自中国地势第一阶梯青藏高原,经第二阶梯黄土高原和内蒙古高原,流向第三阶梯华北平原,最终从山东东营入渤海。在岁月流转中,在水力、气候和地壳运动的共同作用下,黄河塑造出包罗万象的生态奇景。

黄河生生不息，竭尽全力地哺育着她的儿女，既是生态屏障也是水源供给之地。然而，当前流域内的一些地方还是脆弱的生态之地，如何加大流域生态保护力度，打造造福子孙后代的幸福之河，是我们亟待解决的主要问题。

## 第四节　延续至今的黄河文明

人类古代文明的发祥地大都位于河海之滨或河流交汇之地。埃及的尼罗河、印度的恒河、美索不达米亚原野上的幼发拉底河和底格里斯河都是人类古老文明的血脉。华夏文明也起源于大江大河流域。

东亚季风吹拂着华夏大地，为我们的先民创造出多种生态因子，为先民发明创造更高更复杂地利用自然条件的技术奠定了客观基础。

黄河发源自崇山峻岭之间，从山峦喷泻而出的河流必须有较高的技术才能得以利用，而广大地域的多中心文化，又使得中华文化的发展不致因为某个中心的衰落而全体消亡。因此，古老的中华文化不曾中断和得以持续发展是客观的必然。本节，我们就一起乘坐时光机器，从古到今探索黄河流域的文明历史。

### 一、古黄河流域文明历史

距今约 5000 年前，满天星斗般的文明火花向黄河中游聚合，文化碰撞，社会变革，华夏文明在这里绽放。从约 4300 年前开始，黄河中游晋陕大峡谷两岸，河汾之东，陶寺人夯土建都；陕北高原，石峁人砌石筑城。双城隔河遥

黄河流域文明遗址

望,南北呼应,并峙数百年……

黄河在今天华北平原一带不断演出"龙摆尾"的剧情。频繁的改道、汛滥,形成大片的黄土原野,为旱作农业提供了广袤肥沃而松软的土地。这一地带的气候也颇有规律,雨季正好在农作物的生长期。于是,适宜黄土地带生长、成熟期短又易于保存的粟成为这一时期的主要粮食作物。黄河流域的古代文化既经历了自身长期的发展演变,又充分吸收了周围地带的文化精华,终于成为中华早期文明的主流。

黄河的古代文化遗存几乎遍及整个流域地区。黄河中上游广大地区是仰韶文化的集中地,范围包括陕西的关中、山西的晋南、河北的冀南到河南大部分地区,甚至远达甘肃交界,河套、冀北、豫东和鄂西北一带。河北中南部的磁山文化,河南的裴李岗文化,关中、陇东的老官台文化,以及甘肃的大地湾文化,是仰韶文化的前身;黄河上游甘肃的马家窑文化、齐家文化则是仰韶文化的后期,在这个时期,生产和社会的发展都跨入了一个新的阶段。黄河下游海岱地区文化则自成系列,北辛文化、大汶口文化、山东龙山文化一脉相承。

仰韶文化遗址

黄河流域的岸边、阶地,曾活跃着我们先祖的身影。在滔滔黄河水的滋养下,在人与自然共存的道路的探索中,他们用自己的聪明才智与勤劳的双手书写出绚丽多彩的文明史诗。

## 二、现代黄河文明的赓续

黄河，不仅仅是中华民族的母亲河，更是文化之河、生态之河、民生之河。历史上，生活在黄河流域的先辈们为我们留下了绚烂的文化。今天，黄河的发展已进入全新的阶段，黄河文明的赓续需要我们所有人的共同努力，我们要聚焦黄河文化的时代价值，持续讲好黄河故事。

**1. 深挖黄河文化的时代价值**

源远流长的黄河哺育着一代代中华儿女，是中华文明的摇篮，也是中华民族的根与魂。今天的中国道路离不开中国文明底层结构，黄河流域是中国文明的起源与定型所在，中国文明底层结构亦孕育其中。深入挖掘黄河文化蕴含的时代价值，能够更好地实现中华民族伟大复兴，凝聚中国梦的精神力量。

十八大以来，习近平总书记就黄河流域生态保护和高质量发展等发表了一系列重要讲话，作出了一系列重要指示。而思考新时代黄河流域生态保护与高质量发展，离不开文明史视野。黄河文化在中华文明形成过程中，展示出多元一体的历史脉络。在整个发展过程中，其不断凝聚周边各族文化，呈现出更加丰富多彩的综合面貌，并逐渐发展成为一个庞大的体系，最终形成多元文化的统一整体。今天，我们在聚焦黄河文化的根源性、开放性、包容性的基础上，更要将其进行共享、创新，凝心聚力地推动其新的发展。

**2. 持续讲好新时代"黄河故事"**

讲好"黄河故事"不仅要研究好历史上的中华文明，也要阐述好中华民族在传承中产生的新文明形态。这要求我们注重顶层设计，树立"大黄河"文化观。

首先，推动沿黄各地之间的合作交流。推动各地的黄河遗址、黄河湿地、黄河博物馆的一体化建设，在整体性中突出地域性，在地域性中彰显整体性，以统筹推进、通力协作、合作共赢的方式，把"黄河故事"讲清、讲透、讲好。

其次，将文化优势产业转化为传播优势。通过打造黄河文化公园、黄河湿地公园、黄河古道风情园、黄河文化产业保护廊道等精品文旅项目，让黄河文化能真正看得见、摸得着、有载体，留得住乡愁，唤得起记忆，推动活态黄河文化的传承。

再次，要搭建学术平台，提升黄河文化的理论阐释力和现实影响力。黄河文化是中华优秀传统文化的重要组成部分。在学术研究上，黄河文化涉及众多学科，在哲学层面，黄河文化孕育了民本、尚德、变革、斗争等哲学理念；在史学层面，一部治河史，见证了中华民族的成长史；在文学层面，黄河文化蕴含着中国古代诗词歌赋中的诸多重要审美元素。

另外，还可以运用新技术新理念，拓展黄河文化传播渠道，充分利用现代信息技术，构建传播大平台。

最后，要加强基础性教育。以青少年为主体，通过对黄河知识的讲解、黄河文化的传播，增强在校学生的认同感和文化自信感，并引导青少年从自身做起，勇于承担黄河故事的讲述者与传承者的责任，使黄河成为一条亘古不变的文化之河。

### 延伸阅读

**黄河流域生态保护的重大意义**

黄河是中华民族的母亲河，孕育了多姿多彩、璀璨夺目的华夏文明。黄河是我国北方重要的生态屏障，是连接西北的高原与东部渤海的重要生态廊道，更是横跨东、中、西部的重要经济区和能源基地，对维护国家和区域安全具有不可替代的重要作用。自古以来，"黄河宁，天下平"，黄河生态安危事关国家盛衰与民族复兴。开展黄河生态治理，实现高质量发展，具有重要意义。

首先，这是区域协调发展的现实需要。不管是在党代会的报告中，还是中央经济工作会议上，实施区域协调发展战略都被党中央、国务院多次提及，这当中的重要性不言而喻。黄河流域目前的经济社会发展呈阶梯状分布。黄河流域生态保护与高质量发展上升为国家战略，能够促进西部大开发形成新格局、中部实现崛起和下游发达地区的山东实现新旧动能转换、高质量发展。缩小西北地区与中东部地区的发展差距，整体进入高质量发展新阶段，是贯彻落实习近平总书记在党的二十大报告中提出的区域协调发展战略的重要举措，同时也有利于畅通"一带一路"。

其次，这是贯彻落实习近平生态文明思想的现实需要。生态兴则文明兴，生态衰则文明衰，这是人类文明史所揭示的朴素真理。经济发展的经验证明，先污染再治理的代价太大，是不可持续的。黄河上游、中游是国家重要的生态安全屏障区，生态环境脆弱，水土流失严重，在习近平生态文明思想指引下，建设好黄河生态经济带有重大现实意义。

最后，这是坚定文化自信，实现中华民族伟大复兴的现实需要。黄河流域是中华文明的重要发祥地和传承创新区，是中国古代的政治、经济、文化中心地带。黄河流域的文化源远流长、灿若星河，如丝绸之路文化、始祖文化、河湟文化、仰韶文化、马家窑文化、中医药文化等不胜枚举。建设黄河生态经济带，挖掘文化潜力，促进文化旅游业融合发展，是树立、坚定文化自信，实现中华民族伟大复兴的重要抓手。

# 第三章　大河博物

## 课前导读

大河游臂,从青海,向山东,腾九省区而跃三阶梯。群星分野,并抚四岳。饮绿水而润青山,控北国而交运河。远而望,生态屏障;迫而察,芙蕖渌波。既物阜以民安,山肴野蔌,琳琅满目;天资独具,区位优良;国内驰名,海外畅销。一川黄河水,一路风土情,柔情常绰态,雄姿尚英发。人杰地灵,鸾翔凤集,武将如星云,智者若群英。仁义礼智信,兼爱与非攻,繁盛思想史,千秋常问经。万里奔袭,物换星移。往日如秋菊,今朝若春松。悠悠我大河,博物何其多!

大河所盘踞的广袤地域提供了博物的可能性,而流域内丰富的物质产品和绚烂的精神文化以及其本身所具有的重要生态价值则是博物的具体表现。

## 第一节　绿水青山:黄河的生态价值

习近平总书记指出:"我们既要绿水青山,也要金山银山。宁要绿水青山,不要金山银山,而且绿水青山就是金山银山。"这种绿色发展理念,把生态文明建设融入现代化建设的全过程之中,为建成美丽中国、开创社会主义生态文明新时代指引了方向。

生态价值即生态系统的总体性价值,是包括经济价值与环境价值的有机整体。具体而言,既包括良好的生态产品的价值,如空气、水土资源的清洁度所体现的生态价值,也包括矿产资源所承载的生态价值,还包括生态系统完整性所蕴含的生态价值,以及人类通过减少污染、修复生态等行为而获得的价值。

从自然地带来看,黄河流域东西跨越半湿润区、半干旱区和干旱区等多个气候区,气候、地质、地貌、土壤、植被和水文状况差异大,导致黄河流域在各地区所体现的生态价值也不尽相同。这一节,我们通过黄河上游的源区、黄河中游的黄土高原和黄河下游的三角洲这三个典型地区来认识黄河的生态价值。

# 一、黄河源区生态价值

湛蓝的天空，巍峨的雪山，葱绿的草原，奔腾的江河，广袤的牧场，肥壮的牛羊……这就是青海境内的三江源地区。这里是群山的王国、江河的源头、高原湖泊的世界、野生动物的乐园。

黄河源区雪山

三江源不仅是我国青藏高原生态安全屏障的重要组成部分，更是中华民族兴旺发达的根基和源泉。由涓涓细流汇集成的滔滔江河，既哺育着中华民族绵绵瓜瓞，又维系着华夏儿女的生生不息。

三江源

黄河源区的生态价值突出表现在涵养水源方面。黄河源区是黄河流域最重要的产流区、水源区及生态涵养地，对流域中下游地区和我国北方的农业生产、用水安全、生态环境保护和可持续发展具有举足轻重的意义。

黄河源区的生态价值十分重大，但它的生态形势却不容乐观。黄河源因特殊的区位及地形地貌而对气候极其敏感。在气候变化影响下，黄河源区的降水、气温和径流等关键气候水文因子发生了很大变化，气温上升导致区域蒸发增强、冰雪消融增多和冻土层退化，使草地呈现斑块化、破碎化和分散化的退化特征，从而降低了水源涵养能力，改变了地表水热平衡，导致地下水位降低，并进一步降低了产流。

近年来，面对黄河源区紧张的生态形势，国家实施了一系列重大生态保护和建设工程，有效遏制了黄河源区生态退化的趋势，源区生态状况呈现出稳定提升的态势，从而进入了整体好转与局部退化并存的阶段。但受气候条件及人类活动的影响，黄河源区局部地区生态退化状况仍未得到根本改观，冰川、冻土、草地等水源涵养主体分布格局尚不稳定，现状水源涵养能力仍然偏低。

**延伸阅读**

青海三江源被誉为"中华水塔"。2021年，习近平总书记在青海考察时强调，要把三江源保护作为青海生态文明建设的重中之重，承担好维护生态安全、保护三江源、保护"中华水塔"的重大使命。

青海在三江源地区开展山水林田湖草沙冰一体化保护修复，实施黑土滩综合整治、沙化土地治理、水源涵养等生态工程。三江源国家公园2021年正式设立，较试点面积扩大了近六成，生态涵养功能持续向好。

## 二、黄土高原生态价值

黄土高原位于我国中部，地表被深厚的黄土所覆盖，水土流失严重，沟壑纵横，植被稀少。在这里三北防护林迎风而立犹如戍边卫士，铸成了我国的"绿色长城"。高粱、小米等作物在此茁壮成长，成熟时分香飘四野，芬芳醉人。黄河在此间奔走，裹挟着大量泥沙，怒号而下……

黄土高原的生态价值主要表现在其对国家生态安全的重要影响上。它是"两屏三带"国家生态安全战略格局中"黄土高原—川滇生态屏障"和"北方防沙带"的重要组成部分。黄土高原是温和半湿润气候区向温和半干旱、温和干旱气候区的过渡带，这里既是气候变化敏感区，又是生态环境脆弱带，是水土流失严重的地区。20世纪80年代以来，通过水土流失治理、矿区土地复垦、生态退耕还林还草、治沟造地整治和坡改梯等重大生态工程建设，黄土高原生态环境质量等得到明显提升，为全面开展生态保护修复积累了宝贵经验。黄土高原生态建设是阻止西部地区沙尘暴等恶劣气候环境、促进北方地区经济社会发展的

前沿阵地，其生态安全在西北乃至全国具有非常重要的地位，开展生态保护修复是落实西部大开发战略部署的有效保障。

### 延伸阅读

　　毛乌素沙地位于半干旱和亚湿润干旱地区，受蒙古高压控制，大陆性气候特征明显，冷热剧变，昼夜温差大，年降雨量小（316～450毫米），蒸发量大（2092～2506毫米），大旱现象频繁发生，风大而多（平均风速2.4～3.3米/秒）。陕西省境内的毛乌素沙地约占毛乌素沙地总面积的55.4%，包括沙丘地类、滩地类、河谷阶地和覆沙黄土地类，土地沙化严重。

　　有关部门根据毛乌素沙地沙丘与滩地环状分布的结构及农、牧交错地带类型区自然景观的分布提出"片、圈、面"治理模式。"片"为传统意义上的农业耕作区，系农田林网保护下的以粮为主的种植业，供给人类生活的必需品，分布在滩地。"圈"为滩地与荒沙的接合部，是人类居住、生活及发展的地域，系环滩林、经济林、用材林保护下农村政治文化活动的中心。"面"为大面积分布的荒沙（包括固定沙丘地、半固定沙丘地、流动沙丘地等），是以防风固沙为主的生态林草业治理区及沙地水源涵养区。以"片、圈、面"模式进行沙地治理是沙区综合治理和开发的有效途径，在提高沙地生产力，发展沙区经济，促进沙区群众增收的同时，能有效地保护沙区的植被，使沙区生态、经济和社会效益形成良性循环。

## 三、三角洲湿地生态价值

黄河三角洲湿地是我国温带最完整、最广阔、最年轻的湿地生态系统,具有重要的生物生态价值。湿地位于山东省,分为自然湿地和人工湿地。

黄河三角洲地区具有丰富的生物多样性,栖居着一批国家级保护动物,具有重要的生物生态价值,是保护物种多样性难得的天然基因库。本区属温带季风气候,水源充足,植被丰富,又因处于黄河流入渤海的交汇处,水文条件独特。海淡水交汇处,离子作用促进泥沙的絮凝沉降,形成了宽阔的泥滩(即湿地)。土壤含氮量高,有机质含量丰富,湿地生物资源丰富,有野生植物上百种,是中国东部沿海最大的自然植被区;水生动物资源丰富,属国家重点保护的有斑海豹、松江鲈鱼、文昌鱼、江豚等;是东北亚内陆和环西太平洋鸟类迁徙的重要越冬栖息和繁殖地,属国家一级重点保护的有白鹤、丹顶鹤、黑鹳等。

黄河三角洲湿地的一个独特价值还体现在,它是研究我国及世界上湿地生态系统形成、发展、演化的天然实验室。该地区在生态系统研究、资源可持续利用、人与自然和谐发展、维护生态平衡等领域均具有重大意义。

另外，河口三角洲湿地还是维护黄河三角洲乃至整个环渤海地区生态安全的天然屏障，在降低风暴潮危害、防止土壤盐渍化、调节气候、降解环境污染、固碳等方面提供了重要的生态保障。

### 延伸阅读

丹顶鹤是黄河三角洲的著名珍禽，每年都经过黄河三角洲。10月下旬到12月上旬、春季2月上旬到3月上旬，它们在黄河入海口滩地、黄河故道入海地带、大汶流草场沼泽湿地等地活动，觅食水生嫩草、软体动物、甲壳动物和鱼等。近几年，常有丹顶鹤飞到黄河三角洲便不再南迁，就地越冬筑巢，使保护区成为丹顶鹤在中国越冬地的最北界。

黄河从涓涓细流到奔腾入海，在不同的自然区域所具有的生态价值各有侧重。但总体而言，黄河的生态价值突出表现在：黄河的生态条件奠定了黄河流域的经济生产基础，在黄河文化的形成和发展中扮演了重要的角色。黄河生态条件是黄河文化诞生、延续之本，是民族生存发展之基。

# 第二节　物阜民安：黄河流域地方特色经济

　　黄河由三江源发源地蜿蜒东流，流经草原、沼泽、湖泊、戈壁滩，穿越贺兰山、内蒙古高原、黄土高原及华北平原，注入渤海。流域沿岸生物资源富饶多样，悠久的历史传统和深厚的文化底蕴孕育了大量独具特色的产品。地理标志产品是有代表性的地方特色产品，其内涵丰富，价值多元，具有较高的辨识度，容易打造品牌。地理标志产品得天独厚的"唯一性"对顾客具有较强的吸引力，可有力地助推相关产业的发展。本节按照黄河流域自上游到下游流经的省区依次介绍各个省区的地理标志产品及地方特色经济。

## 一、黄河流域上游省域

　　青海地处黄河流域上游地区，位于青藏高原，以多样的地理环境、特殊的人文环境及气候条件，孕育出了大量独具高原特色的农牧土特产和地理标志生态产品，包括

青海循化

循化线辣椒、循化薄皮核桃、祁连黄蘑菇、门源菜籽油、乐都紫皮大蒜等。这些独特的地理标志"名片"，对于提升地方特色产品形象、增加产品附加值、推动地方经济发展起着不可替代的作用。

## 知识小卡片

青海拥有大自然特殊的恩赐——牦牛。牦牛既是牧民赖以生存的物质资源，也是推动牧区经济发展的支柱产业和牧业稳定增收的主要来源。因此，牦牛产业被称为青海省农牧业发展的"第一产业"和"第一品牌"，青海素有"世界牦牛之都"的美称。

甘肃地处黄河流域上游地区，按照地理学划分可以分为陇中黄土高原、陇南山地、河西走廊、甘南高原等六个地理分区，地理形态复杂多样。不同地理分区的自然环境、气候、水源、土质、物种和悠久的农耕文明孕育出丰富的甘肃特色农产品。

九曲黄河

产品种类涵盖粮食、油料、瓜果、蔬菜、药材、茶叶、花卉、香料、畜禽产品、水产品等10个大类，如定西马铃薯、岷县当归、陇西腊肉、永登苦水玫瑰以及兰州百合、礼县大黄和武都橄榄油等。

## 知识小卡片

兰州盛产多种蔬菜瓜果。兰州人凭借一双巧手，将这些食材进行完美"组装"，搭配成"一清、二白、三红、四绿、五黄"的面点——兰州牛肉面。其中，"清"是指牛肉汤，"白"是指白萝卜，"红"是指红辣椒，"绿"是指绿蒜苗，"黄"则是指黄面条。在兰州这个黄河穿城而过的古城，市民每天要吃掉大量的牛肉面。筋道、柔韧、麻辣的口感是兰州牛肉面的特色。1999年，"兰州拉面"品种被确定为中式三大快餐试点推广品种之一，成为不容忽视的一大产业。

兰州牛肉面

宁夏回族自治区位于黄河流域上游地区，是中华人民共和国的五个自治区之一，首府银川。该省区大部分地区因黄河缓慢穿流而为河套的一部分，土地富饶而有"塞上江南"之称。宁夏的地理标志产品丰富，如贺兰山东麓葡萄酒、盐池滩羊、同心圆枣、宁夏枸杞、中宁枸杞、宁夏大米、贺兰砚等。

**知识小卡片**

　　滩羊是中国珍贵的肉毛兼用型绵羊品种。据考证，盐池滩羊产业形成和发展已有200多年的历史。"盐池滩羊"已获国家产地证明商标，盐池县也被相关部门认定为"中国滩羊之乡"。

滩羊

　　内蒙古位于黄河"几"字湾区域，因黄河水的灌溉而富饶美丽。该区域水质、土壤、植被、气候等自然地理条件特色纷呈，天然、绿色物产蔚为壮观，素有"东林西铁，南农北牧，遍地宝藏，草原秀丽"的美誉。内蒙古自治区的地理标志保护产品有内蒙古肉苁蓉、乌珠穆沁羊肉、巴达仍贵大米、固阳燕麦、小文公大蒜、俄体粉条、开鲁红干椒、清水河小香米、武川土豆、先锋枸杞、科尔沁肥牛肉、西旗羊肉等。地理标志产品的快速发展，成为内蒙古经济发展的一支生力军。

> **知识小卡片**
>
> 乌珠穆沁羊是东乌珠穆沁旗畜牧业主导畜种，经过长期的自然和人工选育，以其体大、尾肥、发育快、产肉多、耐寒等特点成为畜牧业生产首选畜种。同时，乌珠穆沁优质的天然牧草和丰富的水资源为乌珠穆沁羊的生长发育及肉羊产业的发展提供了良好的条件。

## 二、黄河流域中游省域

山西地处黄河中游，是中华民族和华夏文化的主要发源地。悠久的历史、独特的地理环境和多样化的气候，共同造就出丰富多样的农产品资源，并催生了一大批在国际国内市场上具有较高知名度和影响力的农产品，素有"小杂粮王国"之美誉。山西省的地理标志产品有山西陈醋、沁州黄小米、平遥牛肉、

运城苹果、垣曲小米、平陆玉露香梨、大同黄花等。这些地理标志产品为区域特色经济发展提供了有效载体，在实现乡村振兴、促进农民增收和农村发展过程中发挥了重要作用。

山西王家大院

**知识小卡片**

山西陈醋酿造历史悠久，是我国国家地理标志产品，具有鲜明的地方特色，是闻名中国的四大名醋之一，被誉为"天下第一醋"。醋行业是山西区域经济的重要组成部分，其产业的大力发展有助于山西整体的经济转型。

山西陈醋

在陕西境内，黄河吸纳了窟野河、无定河、延河、洛河、泾河、渭河等支流，哺育了秦川大地的万物众生。独特的地理位置、丰富多样的自然环境和悠久的农业历史，使其物产富饶，孕育了众多具有明显的地域特性和独特品质的农副产品。特别是小杂粮、干鲜果品、蔬菜、茶叶、畜禽品种、中药材、调味品等产品，地方品种多、分布广，开发潜力大，保护价值高。陕西的地理标志产品有横山大明绿豆、眉县猕猴桃、石泉蚕丝、榆林马铃薯、富平柿饼、韩城大红袍花椒、铜川苹果等。

**知识小卡片**

陕西苹果生长在海拔高、光照足、昼夜温差大、土层深厚的渭北黄土高原，犹如黄土高原上缠裹的一条"金腰带"，蔚为壮观。独特的自然条件造就了陕西苹果"色泽艳丽、角质层厚、果肉香脆、酸甜适度、耐贮运"的品质特征。2005年，陕西苹果成为国际地理标志保护产品。2009年，陕西苹果通过中国－欧盟国际地理标志保护产品互认。如今，陕西苹果的规模、质量、品牌、市场占有率等已跃居全国前列，在世界苹果产业格局中也具有重要地位。

陕西苹果

## 三、黄河流域下游省域

河南地处黄河流域中下游地区，因其独特的位置，有着悠久的历史文化传统，特色产品也丰富多彩，有新郑红枣、原阳大米、平舆白芝麻、灵宝圆枣、信阳毛尖、泌阳花菇、西峡山茱萸、固始鸡、黄河大鲤鱼等。特色手工艺品也

黄河小浪底水库

很多，诸如禹州钧瓷、清凉寺汝瓷、开封汴绣、洛阳唐三彩等。钧瓷是传统名贵陶瓷，"窑变"成色，绚丽多彩，或似流云，或似焰火，变幻无穷。河南特产名食有汴京烤鸭、道口烧鸡等。

山东位于黄河流域下游地区，特色产品资源丰富，堪称特产大省，诸多地方名优特产在我国对外贸易中有着重要的地位。地理标志产品有烟台苹果、龙口粉丝、章丘大葱、莱阳梨、金乡大蒜、肥城桃、沾化冬枣、荣成海带、阳信鸭梨、胶州大白菜、马家沟芹菜和崂山绿茶等，对山东经济的发展有重要的作用。

黄河湿地

**知识小卡片**

黄河三角洲有广阔的天然草场和人工草地，气候温和、雨量充足、水草丰盛。洼地绵羊是一种多胎多羔、肉皮兼用的国家保护优良品种，既可舍饲育肥又可放牧饲养，被列为《国家畜禽遗传资源品种名录》品种和山东省地方保护品种。

黄河流域丰富的自然资源、悠久的历史和深厚的文化积淀，孕育出大量富有地方特色的地理标志产品。地理标志是重要的知识产权类型，是促进区域特色经济发展的有效载体，是推进乡村振兴的有力支撑，是推动外贸外交的重要领域，是保护和传承中华优秀传统文化的鲜活载体，也是企业参与市场竞争的重要资源。

# 第三节　风土人情：黄河流域的区域文化

黄河流域是华夏文明的重要发源地，是中华民族的根和魂，孕育出以仰韶文化为代表的早期文化，并在后来的发展中不断抽发出新的枝叶。华夏文明在时空中栉风沐雨，不断地蓬勃生长、兼容并包，终于在大河上下形成了"和而不同"的区域文化。它们之间相互往来又彼此区别，绘写出一幅波澜壮阔的人文画卷。这一节，让我们一起神游黄河两岸，一场文化的饕餮盛宴正在呈现……

## 一、河湟文化

河湟文化是指萌生、传承、发展于河湟流域的典型地域文化，是黄河文化的重要组成部分，是黄河文明的重要发源地之一。河湟文化代表了中华文化内部的边陲文化，是一种处于连接地带，具有中介性、交汇性的文化。河湟文化源远流长，历史悠久，农牧兼具，博采众长，散发着独特的魅力。

河湟文化的分布范围大致涵盖黄河上游、湟水流域及大通河流域所构成的"三河间"地区。其具体地理范围包括日月山以东，祁连山以南，西宁四区三县、海东以及海南、黄南等地的沿河区域和甘肃省的临夏回族自治州。其核心区位于青海省海东市。

马家窑彩陶钵

河湟地区横跨青藏高原和黄土高原两个自然地带，是中国青藏高寒区、东部季风区和西北干旱内陆区三大地理单元的交汇之地。因为地理的差异与交汇，这里成了农耕文化与游牧文化的过渡地带。多元的地域文化、民族文化、宗教文化异彩纷呈，似美妙的乐曲，经久不息。

河湟地区的人类活动史可以上溯到距今四五万年前，从那时起的漫长岁月里，河湟地区出现了卡约文化、宗日文化、马家窑文化、齐家文化等众多古人类文化遗迹。

秦汉以后，中央王朝的势力逐步深入到这个地区，中原文明与边疆文明、农耕文明与草原文明在这里交汇，创造出灿烂辉煌的文明形态。

在这里，汉族、藏族、回族、土族、撒拉族等多个民族比邻而居，共同创造了"花儿"这种特有的艺术形式。"花儿"是民歌，是河湟文化的一朵奇葩，是各民族共同浇灌的艺术瑰宝，体现了中华文化多元一体的历史存在。各民族在文化交流中形成了你中有我、我中有你的生动局面，是历史上中华民族共同体意识的具体体现。

河湟地区拥有大量各级各类非物质文化遗产。其中，热贡艺术、土族盘绣、贵南藏绣、河湟皮影等艺术形式已经发展为规模可观的非遗产业，土族纳顿节被称为"世界上最长的狂欢节"。

夏季来临，树木葱郁，漫步在"花儿"会上你或许能看到土族优美的安召舞、藏族热情奔放的热巴舞；会听到悠扬的"拉伊"，深情的回族宴席曲、如泣如诉的龙头琴声。社火表演散发着泥土香气，街道上的人们对热贡绘画雕塑艺术赞不绝口。旋即，激烈的射箭、赛马、摔跤正进行得如火如荼。当你的身体与心灵一道体验过这里的盛会，你将很难不被河湟各族富有创造性的生活所感动。或许，正是这种创造精神，才使得河湟文化代代相传、绵延不绝、独具特色。

## 二、三晋文化

三晋文化简称为"晋文化"，其地域范围主要在今山西省，其核心区位于有"河东"之称的山西省南部。三晋文化为华夏文化的形成和发展作出了重要贡献，在中华文明史上占有重要的地位。

三晋文化博采众长，融合了游牧与农耕文化，具有强大的生命力。唐叔虞于周初受封时，周公"命以《唐诰》，而封于夏虚，启以夏政，疆以戎索"，要求结合地区的实际情况，沿用习惯法规进行统治。此项做法使得三晋之地较少受到传统宗法制的约束，更易产生新型的文化思想。由于其开创的包容性，加之"表里山河"的地理形胜，因之塑造了晋国强国的地位。韩、赵、魏三家分晋后进入战国时期，韩国有"申不害变法"，魏国有"李悝变法"，赵国有"赵武灵王胡服骑射"，这一系列的变法图强运动使得三晋文化得到进一步的发展。在历次游牧文化与农耕文化的交流中，三晋之地常为首先发生的地区，在不断地交流与碰撞中，三晋文化总能焕发出新的生机。

　　三晋文化具有深厚的思想底蕴。三晋之地是法家学派的主要发源地，法家思想构成了三晋文化思想的主体。我国历史上第一部比较系统的成文法典《法经》便成书于此。三晋大地也是纵横家和名家的发源地与活动中心。苏秦、张仪、公孙衍等都曾在此活动。名家的著名代表惠施和公孙龙也曾活跃于三晋大地。名家推动了当时的逻辑学术发展，是"百家争鸣"中的重要一派。

　　山西是文物、艺术的宝库。云冈石窟壮观雄伟，融汇儒释道三家思想的永乐宫也伫立于此。这里还是武圣关羽的故乡，产生了具有"忠""义"特点的民间信仰。

　　三晋文化中晋商文化十分突出。晋商以诚信走四方，在中国商业文化中具有重要的历史地位与现实意义。现今留存有乔家大院、曹家大院、渠家大院等，从这些制式恢宏的宅院中可以窥见当年晋商的兴盛昌达。

在如今的山西境内，依然保留着古老的传统文化。无论是气壮山河的北路梆子，抑或粗犷明快的上党梆子，还是灵活多变的中路梆子，以及风格独特的蒲州梆子，从地方戏剧到村民的日常生活，一经感受，你就知道时至今日三晋文化仍热衷于表达它的古朴厚重。

## 三、三秦文化

三秦文化，是指以关中为中心的秦地在特定历史条件下所形成的一种农业性的地域文化，其范围大致与今天的陕西省相当，它的核心区位于关中平原。

三秦之地本是周族的发祥地，后来秦人"开地千里，遂霸西戎"，有"岂曰无衣？与子同袍。王于兴师，修我戈矛。与子同仇"的尚武精神，也有"蒹葭苍苍，白露为霜。所谓伊人，在水一方"的浪漫情怀。

至汉唐时期，三秦文化达到鼎盛阶段，以"关中文化"的面貌与形态展现出自己的非凡气度与独特风采。雄伟的长安城不只是中国的文化中心，同时也是世界的文化中心，一度出现万国来朝的壮观场面。当时的关中文化成了中国传统文化的重要组成部分，其影响力甚至超越一国之地，对东北亚、中亚、南亚、北亚、东南亚地区诸国都有强大的文化影响力。三秦文化作为中国传统文化的主要支柱，兼容东方儒家文化、南方道家文化与西方域外的佛教文化，并相互融合、撞击、发展，使中国文化逐渐成熟起来。

到了两宋时期，随着经济、政治中心的向东及东南方向的转移，沟通中西的要道亦转向东南沿海的海上丝绸之路，使得关中文化逐渐进入相对稳定的发展时期。张载关学的诞生标志着三秦文化由经验、制度、民俗层面升华为理性哲理的高度。其"为天地立心，为生民立命，为往圣继绝学，为万世开太平"的名言，被称作"横渠四句"，为有志之士所传颂。

进入明清时期，关中失去了全国政治、经济、文化中心的地位，文化不如汉唐时期繁盛，也不如京城以及东南沿海发达。但"关中三李"名震四方，"关中书院"人才辈出，也说明了三秦文化的鲜活生命力。

三秦文化底蕴深厚，人文昌盛。三秦之地曾出现过许多伟大的思想家、文学家、军事家、政治家等，有杜牧、刘彻、司马迁、班固、白居易、张载、白起等。其名人多如天上繁星，描写此地的诗篇也浩如烟海。很多文化典籍与文化遗存具有代表中华优秀传统文化的资格。在这里诞生的《史记》《汉书》是世界一流的文化典籍,蜚声中外。

三秦文化中的民间手工艺品斑斓多彩,有釉色淡雅的耀州瓷、造型朴拙的黑陶、精雕细琢的皮影、色泽明艳的马勺脸谱、文化底蕴深厚的秦绣,还有各式的核雕、蛋雕、剪纸等精巧技艺。

如果你到三秦之地去感受当地的文化,居住在冬暖夏凉的窑洞或地坑院,聆听窗外高亢激昂的秦腔,走出门来,安塞腰鼓喧闹震天,在喧嚣声中,你会发现三秦文化从未失落,至今仍散发着独特的魅力。

陕西民居

## 四、河洛文化

河洛文化是指在河洛地区,滥觞于远古,产生于夏商,成熟于周,发达于汉魏唐宋并延续传承至后代的文化。它既包括以农耕经济为中心的物质文化,也包括由此产生的政治、经济、文化、习俗、心理等制度文化和精神文化。

河洛文化的范围狭义上指黄河、洛水交汇前形成的夹角,以嵩山、洛阳之间的地区为核心;广义上则将其范围向四周延展,泛指今日之河南省或中原地区。

河洛文化是中华文化的"根文化"。早在远古时期,河洛地区就存在着裴李岗文化、仰韶文化、龙山文化、二里头文化、二里岗文化,它们一脉相承,从未中断。中国的第一个国家形态——夏王朝就诞生于河洛地区,而中国历史发展的"轴心时代"——周王朝也定都于此地。西周分封诸侯以后,其政治势力迅速膨胀,河洛文化与原来相对封闭的夷文化、戎文化、狄文化、羌文化、楚文化、巴文化、百越文化、三苗文化等有了更为密切的来往。周王朝的礼乐文化在这些往来之中扩散四方,促进了各地文化的发展,为大一统的国家观形成打下了坚实的文化基础。

河洛文化具有整合、凝聚各地域文化的关键作用。河洛地区拥有延绵不绝的建都史，洛阳、开封等地长期作为大一统国家的政治、经济、文化中心而存在。各地域文化在此交流汇聚，而河洛文化也纳新发展，并不断地开枝散叶，绽放出如牡丹花一般雍容华贵的文化形态。

河洛地区文教事业辉煌灿烂，思想文化亦源远流长。四大书院中的两大书院——嵩阳书院和应天府书院都坐落在本文化区内。人们常用"洛阳纸贵"来夸赞一篇文章广受欢迎。我们可以以小见大地看出，本文化区的文化普及程度以及文化事业的繁盛。这里还流传着"河出图，洛出书"的传奇故事，《河图》《洛书》蕴含着华夏人早期的玄妙宇宙观。

河洛地区不仅有灿烂的河洛文化，更有承载厚重文化的重要载体——古老的河南方言。在方言的基础上，本地区发展出了多样的戏曲文化，这些戏曲曲调宏大优美，唱腔朴实，表演生动幽默，富有浓厚的生活气息。豫剧、曲剧和越调三大剧种因使用了河南方言而深深扎根于本地，从而具备了较强的生命力，深受本地广大人民群众的喜爱。

河南省洛阳市隋唐洛阳城遗址公园

四月洛阳赏牡丹，十月汴梁看菊花。早起一碗胡辣汤，中午再吃一场洛阳水席，晚间一碗稀饭逐笑颜。一年之中，一天之内，河洛文化寄寓于各物象，五光十色、瑰丽多彩。"她"从远古走来，时而大宴宾客，时而闭门自省；如今，"她"正以昂扬的姿态坚定不移地行走在中华民族的伟大复兴道路上。关于挑战，"她"总有办法面对；关于认同，我们总有无数个理由选择"她"。

## 五、齐鲁文化

齐鲁文化源于东夷，发展壮大于春秋战国，其大致范围囊括今天的山东省省域。齐鲁文化的得名源自西周所分封的齐、鲁两大诸侯国。其中，齐国是姜子牙的封地，鲁国是周公旦的封地。齐鲁文化中具有代表性的有泰山封禅文化和曲阜儒家文化。

齐国地处沿海，有渔盐之利，工商业发达。经过管仲的经营，齐都临淄产生了"挥汗如雨""摩肩接踵"的盛况，齐桓公因之九合诸侯，成为春秋首霸。齐国著名的"稷下学宫"是春秋战国时期首屈一指的学术交流圣地，墨、名、儒、道、兵、阴阳、纵横等百家汇聚，好不壮观。鲁国在周王朝宗室中具有极高的地位，因此礼乐文化昌盛，在此基础上衍生了儒家学说。孔子、墨子、管子、孟子、孙武、邹衍等文化巨人频繁活动于齐鲁大地，使得该文化区呈现出多元特质。

泰山风景

"岱宗夫如何？齐鲁青未了。造化钟神秀，阴阳割昏晓。"杜甫的《望岳》脍炙人口，描绘了泰山的雄伟壮丽。而泰山不仅自然风光灵秀多姿，其在文化上还有意义非凡的封禅活动。秦始皇、汉武帝、唐高宗、宋真宗等的封禅活动推动了泰山在国家政治活动中的重要地位，并成为太平盛世的象征，金、元、明、清的帝王也纷纷在泰山留下踪迹。联合国教科文组织经考察，将泰山列入世界自然遗产和文化遗产名录。如今，泰山的山体上还遗留着许多古建筑和古石刻，这些建筑和符号承载着"国泰民安"的祈福，成为中华民族心中长存的美好愿景。

近年来，孔子学院如雨后春笋一样纷纷而起，彰显了儒家文化的世界影响力。而儒家文化的发源地就是本文化区的曲阜。曲阜的孔府、孔庙、孔林，合称"三孔"，是全国重点文物保护单位和世界文化遗产。"三孔"作为纪念孔子、推崇儒学的表征，历经沧桑，成为中国传统文化的一个缩影。孔子留下"韦编三绝""学富五车"等激励广大学子的成语故事；他兴办私学成就了"弟子三千，贤者七十二"的教育硕果；他推崇"仁义礼智"，修订了《诗》《书》《礼》《乐》《易》《春秋》六经，成为"首圣"。孔子的言行思想被弟子整理汇编成《论语》，成为儒学经典。孔子是中国传统文化跨不过的巨擘。另外，"亚圣"孟子也出生于本区，因此本文化区有"孔孟之乡""礼仪之邦"的说法。

总而言之，齐鲁之地，贯通南北，文化昌盛，远播海外。读齐鲁之春秋，访泰山之崇高，游"三孔"之儒雅。俯瞰海岱大地，仰观齐鲁文化，她卓尔不群，在新时代的伟大征程中依然散发着独特的魅力。

## 研学内容

### 黄河风土人情游学颂

黄河各段，东西同川，南北同天，不同风吹不同山。

漫步上游，在藏地领受一条哈达，骑着牦牛而歌，走进若尔盖湿地，听群鸟应和。日出飞霞，兰州访遍，独上黄河楼，望尽黄河流。河流云间，云外苍天。天外膏腴地，黄河兜又转，来回生河套，大小两江南。塞上良田美，牛羊壮且肥。挥手自兹去，来日再访回。

马蹄快，风声急。遥想当年，延安鏖战。窗花纸下光阴短，黄土窑外又新篇。峥嵘岁月稠，信仰在心头。游历长安，千古拂面。畅玩平遥，龙灯喧闹。渭水涤人心，汾河明人志。灞桥折柳后，何时再相会？

入下游，到洛阳。四季十二时，万象大明堂。小浪底浊流奔腾，牡丹花开雍容。背伊阙而东行，既高昂而徐游。日下壁而沉彩，月上轩而飞光。光照开封城，梦华东京梦。兰考泡桐树，感怀焦裕禄。济南听百泉，泰安访泰山。旭日照孔林，明德孔庙门。首尾不相闻，共饮一条川。上下不同景，月华流照君。

# 第四章 大河华章

**课前导读：**

霞飞云翻涌，大河怒奔腾。起笔书凤凰，华章摛游龙。都说"彩云易散琉璃脆"，偏偏黄河万古流。这一条大河，不仅物质长存，亦精神永在。黄河畔的人民生生不息，用奋斗缔造了良田城阙的美丽景观，写下了精彩的华章。

黄河不仅是华夏文明的摇篮，也是国家认同的重要纽带，更成为铸牢中华民族共同体意识的重要标识。黄河文明的伟大复兴已然成为中华民族的重要使命，伴随着中华民族成长的黄河精神也会万古不废地持续传承与发展。

## 第一节 黄河是华夏文明的摇篮

黄河流域是早期人类的主要栖息地。

伟大的黄河文明，值得每一个华夏儿女衷心地赞美！黄河文明历经风雨，通过奋斗与自我革新，在鸿蒙之初向世人展现了文明之光，在人文之始扎下了文化之根，塑造了我们血脉中流淌的民族之魂。

### 一、文明之光

在旧石器时代的早期，黄河流域生活着一批直立人，具有代表性的有距今约40万年的河南栾川人。到了旧石器时代中期，黄河流域出现了早期智人，主要有距今约10万年的大荔人和许家窑人。

大约到了距今5万年前，人类文化进入旧石器时代晚期，此时的古人类被称为晚期智人或现代人，其体质、相貌与今人相差无几。在黄河流域发现的化石有许昌人，文化遗址有山西朔城区峙峪文化和山西沁县下川文化。

从唯物史观来看，生产力是人类社会发展和进步的最终决定力量。整个旧石器时代人类的主要经济生产方式是渔猎与采集，到了距今约 1 万年前，原始农业开始出现，人类随之进入新石器时代。所谓新石器，即磨制石器普遍取代了打制石器，石制工具变得更加精美，这使得人类的生产能力得到提高，从而进一步促使农业、牧业、手工业得到发展。在这些社会实践的基础上，又会发展出新的认识。新的认识进一步指导实践，促进生产。如此反复，终于使得农业生产出现盈余，于是阶级开始分化，产生早期国家，促使人类进入文明阶段。

相较于北部的高原一带和南方的珠江—闽江流域，黄河流域的环境既不过于艰苦也不十分优越。中国北方地区的第四纪，森林覆盖率下降，后期变得干旱少雨。面对动植物资源数量下降的困境与挑战，先民起而应战，利用黄河及其支流的水源便利，创造出了原始农业。

黄河流域农业产生之后，流域的中下游地段逐渐成为古人最主要的生计活动地域。与狩猎采集业相比，农作物的收获需要一定的生长周期，故而产生了与其配套的定居生活方式，由此原始聚落就应运而生。考古发现，在距今约 8000 年的裴李岗文化时期，出现了很多村落遗址，著名的有新郑的裴李岗、唐户和舞阳的贾湖遗址。其中，裴李岗文化遗存面积达 30 万平方米，已发现房址 65 座，聚落内还发现了排水系统等。聚落外围具有防御性质的壕沟，其结构具有凝聚式向心布局的特征。这一时期，粟作农业已占较大比重，家畜饲养已经开始，工具制造水平明显提高。

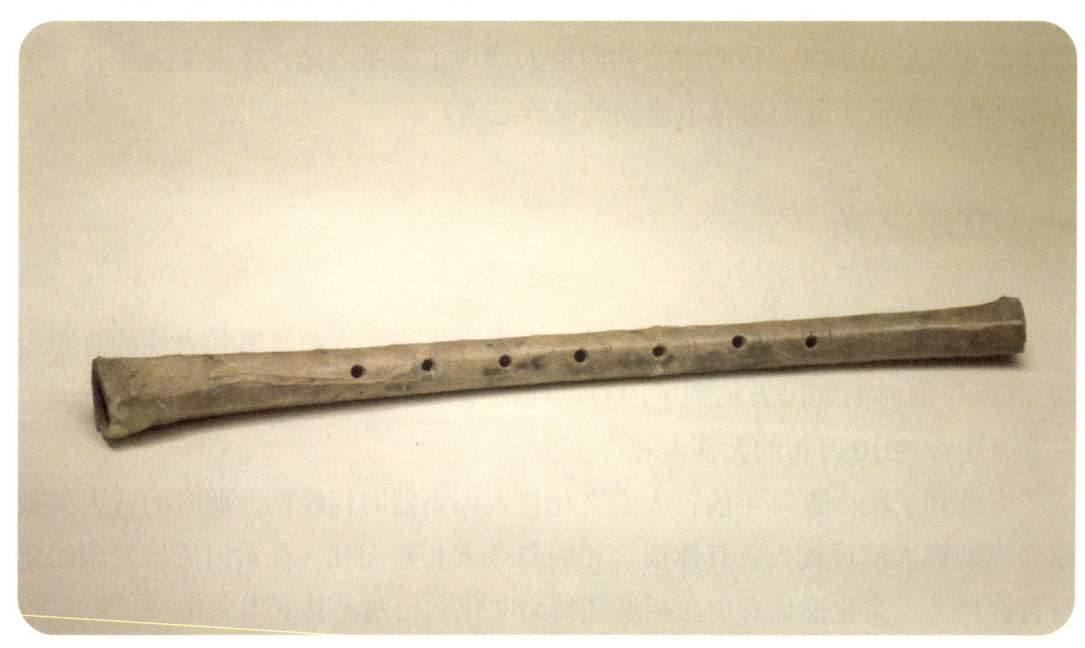

**新石器时代裴李岗文化中的贾湖骨笛**

此后，距今约 7000 至 5000 年，以黄河中游为中心，仰韶文化兴起，其石器和陶器制作水平大大提高，甚至出现了冶铜萌芽。发展至距今约 6500 年至 4500 年的大汶口文化和距今约 4000 年的龙山文化，黄河流域的文明进程进一步得到推进。

龙山文化晚期，随着生产力水平的进一步发展，人口显著增长，人群之间的冲突事件增加，各地因而兴起了筑城之风。其中一些城寨便可能具有都城性质，例如：登封王城岗城址、襄汾陶寺遗址、新密新砦城址等。其中，登封王城岗城址分大小城东西并列，大城的复原规模达 34.8 万平方米，这样巨大的规模明显大于同时期的其他遗址。如此，我们有理由认为它在当时具有非同一般的地位，应是文明程度高的都邑。都邑的出现预示着早期国家在此时已经形成。

中华文明的起源和早期发展阶段呈现多元格局。由于各地自然因素的差异，黄河中游地区率先进入文明阶段，并长期与其他地区交流互动，从而相互促进、取长补短，最终融汇凝聚出以二里头文化为代表的文明核心，开启了夏商周三代文明。后来，黄河流域的文明进一步发展，成了在整个人类历史中都无法忽视的文明之光。

## 二、文化之根

中华文明的重要源头是黄河文明，孕育黄河文明的黄河流域是中华文明的生根之地。中华文明的文化之根深扎于黄河，不断地蓬勃生长，终于成长为雄立于世界文明之林的参天大树。它结下的硕果无疑是辉煌灿烂的。我们可以从汉字文化、寻根文化、思想文化和大一统的思想观念中"窥一斑而见全豹"。

文字是文化的重要载体。从神话传说中的仓颉造字到安阳殷墟的甲骨文，历经周代金文、秦朝篆书、汉朝隶书等时期，汉字从起源到发展大多在黄河流域完成。汉字作为音形义统一的符号系统，承载着华夏文明的厚重往昔阔步向前，时至今日仍然活跃在我们的笔下，跳动在我们眼前。当我们回首聆听汉字所组成的那些优美乐章：先秦散文、离骚体、汉大赋、骈体文、唐诗、宋词、元曲、明清小说，这些时代之声依然余音袅袅，绕梁三日，成为民族文化自信坚实的根基。

寻根文化是人们思念故土亲情，坚持不懈追寻故土祖地的文化现象。伏羲、炎帝、黄帝、颛顼、帝喾、少昊、尧、舜、禹出自黄河流域。当今三百大姓中，一半以上的姓氏起源于中原地区。公祭人文始祖太昊伏羲、中华姓氏寻根等活动得到海内外华夏子孙的认可与响应，表达出中华儿女对黄河流域作为文化之根的认同。

黄河流域是中国传统思想的萌发和荟萃之地。被誉为"中华第一经"的文化大典《周易》就孕育在河洛之地。春秋战国时期诸子百家频繁活跃于黄河流域。道家始祖老子在此留下"紫气东来，函谷讲道"的佳话；法家代表人物韩非子在此建立起了一套完整的法治理论体系；战国中期产生于此的黄老学派后来成为西汉前期的主要执政思想。特别是黄河流域的齐鲁大地是儒家文化的发源地。自汉武帝"废黜百家，独尊儒术"以后，儒家思想一直是封建王朝的中流砥柱，奠定了传统文化的伦理纲常和政治理念。后来，儒释道三种文化思想也频繁在此交流碰撞。古往今来，黄河流域产生了无数的思想家，他们用自己的智慧和思考深刻地影响着历史的进程。他们的思想光芒以群星闪烁之势，成为世界思想史中的一片灿烂星云。他们的学说经过漫长岁月的积淀，熔铸成华夏文明的思想精髓，成为中国思想文化的根源。

大一统思想是中国传统的政治思想，最早源出于黄河流域，并在具体的历史中拥有鲜明的发展脉络。从尧舜禹时代的族邦联盟机制下的"联盟一体"思想，到夏商周三朝"复合制王朝国家"体制下的早期大一统观念，以至秦汉以后郡县制度下的中央集权国家大一统观念。大一统的思想观念已成为中华传统文化的基因要素。在我国历史上，大一统的思想观念对于国家的统一和稳定一直发挥着深远而积极的作用。这使得我国多次上演"分久必合"的独特历史现象，中华民族因之而像石榴籽一样以文化之根为中心紧紧相拥。

总之，中华民族的传统文化大都是在黄河流域形成发展并传播到其他地区的，黄河流域是名副其实的文化之根。

## 三、民族之魂

中华文明源于耕作，长于耕种。中华民族以天文历法为指引，春种秋收，敬守农时。面对霜冻、洪涝、旱灾等自然灾害的屡屡侵袭，先民仍然不屈不挠，斗志昂扬，修建了条条水渠，灌溉了无数良田。过去的每一粒收获都已消散在历史的烟雾之中，而此中凝结的民族之魂依然在今日田地里闪烁不灭。中华民族具有坚韧勤劳、自强不息的民族之魂。

"修身齐家治国平天下"，一句话道尽古来圣贤平生志。"先天下之忧而忧，后天下之乐而乐"是何其志存高远。汉杨震暮夜却金，宋包拯铁面无私，明海瑞刚正不阿，清汤斌清正廉洁。千古贤人用言行诠释着中华民族的操守。"君子谋道不谋食"表现出中华民族对理想人格的推崇。"一箪食，一瓢饮，在陋巷，人不堪其忧，回也不改其乐"体现出中华民族对于精神生活的追求。中华民族具有高风亮节、崇尚精神的民族之魂。

在黄河文明形成过程中，黄河文明以黄河中下游为主体，上溯河湟，下取齐鲁，而使黄河文化聚为一体。在中华文明形成过程中，黄河文明融合长江文明，吸辽水，吮珠江，一路携川纳流，终于发展成蔚然大观的中华文明盛景。通过丝绸之路、茶马古道、海上丝绸之路、郑和下西洋等路线，中华文明广泛汲取域外文化，不停地推陈出新，自在演变。在烽烟四起的时代，各民族你来我往，历经多次碰撞以后，最终合为一体，迎来了中华民族大家庭的圆满。这是何其壮观的场景——一个民族多元、文化多元的文明巨人雄踞于东方，叱咤风云。

中华民族具有海纳百川、兼容并包的民族之魂。

回望过去，华夏大地英雄辈出，各领风骚。中华民族向来有"天下为公"的夙愿。此起彼伏的农民起义，是劳动人民和压迫作斗争，为创造理想社会而不懈奋斗的探索过程。直至中华人民共和国成立，中华民族的理想社会终于成为现实。"与天奋斗，其乐无穷！与地奋斗，其乐无穷！与人奋斗，其乐无穷！"伟大的创造精神表现在我国的两弹一星、高峡出平湖、黄河安澜、"蛟龙"潜水、"嫦娥"奔月等伟大壮举之中。中华民族具有敢于斗争、勇于创造的民族之魂。

"天下兴亡，匹夫有责"。回顾历史，苏武牧羊，誓死不降；陈汤有云"明犯强汉者，虽远必诛"；戚继光东南抗倭，安定沿海；左宗棠抬棺出战，收复新疆。直至近代关天培虎门死战，邓世昌黄海壮节。抗日战争中，杨靖宇雪地鏖战；抗美援朝战争中，邱少云浴火而亡。中华民族具有家国情怀、爱国主义的民族之魂。

从早期的文明之光，到深且广博的文化之根，再到每一次奋发向上的具体社会实践，始终有一些精神、有一些灵魂激励着中华民族。一路几多风雨，筚路蓝缕，民族之魂始终推动着中华民族这艘巨轮乘风破浪！

# 第二节　黄河文明伟大复兴是中华民族的重要使命

中华民族曾在黄河母亲的臂弯下度过早期岁月。碧水东流去，黄沙滚滚来。实现黄河文明伟大复兴是中华民族的重要使命。中华民族需要一个生机勃勃的黄河文明，黄河文明也势必会再度兴盛！为了推动黄河文明走向复兴，须更加重视流域内的生态保护与修复，推动古都转型和城市群的发展，切实推进黄河文化的保护与传承。

## 一、生态保护与修复

文明兴盛需要良好的生态环境，而黄河流域的生态系统本底脆弱，加之历史上的黄河开发缺乏科学规划，人们一味地过度索取，从而导致黄河流域的生态状况持续恶化。近年来，黄河流域的生态保护受到越来越多的关注，国家出台了黄河流域生态保护与修复的专门政策，同时结合上、中、下游不同的生态特征制定出针对性修复方案。

上游区域，以水源涵养能力的建设为主。面对生态退化、生态系统遭破坏、水源涵养功能下降的情况，黄河的生态保护与修复主要通过自然恢复和实施重大生态保护修复工程来实现。一方面是对中度及以上退化区域实施封禁保护和科学治理，以期恢复湿地生态功能、水源涵养功能和植被覆盖；另一方面是积极建立科学的监测和风险预警体系。在生物保护方面，我国设立了三江源国家公园和若尔盖国家公园，并建立了高原生物资源库，以此来维护地区生物的多样性。

黄土高原的水土流失与频繁的洪水有密不可分的关系，是调控"水沙关系"的关键。因此，在黄河中游，要抓好黄土高原的水土保持工作，全面展开对天然林草的保护，持续巩固退耕还林还草、退牧还草的成果，加大水土流失综合治理力度，从而改善黄河中游地区的生态面貌，为黄河变清和防止下游河床继续抬高做出努力。

黄河下游地区的人口密度高，经济发展良好，但滩区破坏严重，所以须积极开展滩区生态环境综合整治，促进生态保护与人口经济协调发展。建设绿色生态走廊亦是对黄河下游生态修复的重要举措。目前，各地区积极筹划建设，其中郑汴洛黄河生态廊道已率先贯通，为黄河沿岸地带"绘"上了一抹浓绿。另外，黄河三角洲是地区性的生态安全和生物多样性的重要区域，因此黄河三角洲湿地的保护修复意义十分重大。东营市按照"重在保护、要在治理"的原则，着力推进实施湿地修复工程。近年来，白鹈鹕、勺嘴鹬等珍稀鸟类陆续出现在黄河三角洲，这是黄河三角洲地区生态环境持续向好的表现。

从全流域的尺度来讲，黄河生态问题离不开水资源的"缺"和"污"问题。面对缺水问题，国家计划实施最严格的水资源保护利用制度，全面开展深度节水控水行动，优化水资源配置格局，从而有效提升水资源配置效率。面对水污染问题，国家计划对流域内的重点河湖，实施统筹推进农业污染、工业污染、城乡生活污染防治和矿区生态环境综合整治，从而加强支流及流域腹地的生态环境治理，起到净化黄河"毛细血管"的作用。

**延伸阅读**

### 退耕还林"唤醒"座座青山

陕西省吴起县地处农牧过渡地带,当地有句农谚:"三年两头旱,十种九难收。"

历史上,农民为了繁衍生息,广种薄收,年年倒山种地,漫山放牧,陷入了"越穷越垦、越垦越穷,越牧越荒、越荒越牧"的"怪圈",生态环境遭受严重破坏。新中国成立后,该县也曾投入人力物力植树造林,但由于缺乏必要的抚育管护措施等原因,苗木成活率低、质量差,"年年造林不见林,岁岁栽树树无影"。

直到1997年,退耕还林实施前,吴起县还是黄河中上游地区水土流失较为严重的县份之一。1998年,吴起县"壮士断腕",在全国开全县整体封山禁牧先河。

数据显示,截至2020年底,吴起县森林覆盖率由1997年的8.4%提高到20.3%,林草覆盖度由19.2%提高到72.9%,自然灾害和扬沙天气明显减少,成为全国退耕还林的一面旗帜。

## 二、古都转型与城市群的发展

黄河流域作为全国政治、经济、文化中心有3000多年的历史,中国著名古都中有5个分布在古今黄河流域,分别是西安、安阳、洛阳、郑州、开封。

西安是国家首批历史文化名城,先后有十多个王朝在此建都。周之丰镐,汉唐之长安……西安长期在历史上作为中国封建王朝的中央枢纽而存在,闻名遐迩。

安阳是早期华夏文明的中心之一。商盘庚迁都于殷,武丁即在此中兴。后至三国两晋南北朝,有曹魏、后赵、冉魏、前燕、东魏、北齐等政权以当时的邺城为都,无数繁华于"邺水朱华"中绽放闪过。

洛阳是丝绸之路的重要起点,隋唐大运河的中心。洛阳历史上先后有十几个王朝定都。商之西亳,东周洛邑,武周神都……遗留想象,纵情文章,写入千古诗词歌赋中。

郑州是华夏文明的重要发祥地。春秋时郑庄公据新郑而小霸诸侯；到了战国，韩灭郑，迁都于新郑，以兵革之坚，周旋于诸侯之间。新郑遗存的残垣断壁还述说着往昔的兴亡事迹。

开封古称汴梁，孕育了上承汉唐、下启明清的"宋文化"。开封城中轴线亘古不变，以"城摞城"遗址为世瞩目，其浓墨重彩可从《清明上河图》《东京梦华录》中得见。

城市是文明的重要载体，要实现黄河文明的伟大复兴，就需要促进这些饱经沧桑的古都实现转型。西安的古都转型突出表现在高新技术方面。以国家超算西安中心、国家数字经济创新发展试验区为依托，西安提升重点电子产业，培育新兴数字产业，为古都转型注入"新鲜血液"。

古都安阳以"三手棋"赋能转型发展，分别是去能、赋能、聚能。去能就是去除过剩产能，加快传统产业改造提升。赋能就是布局新兴产业，为城市赋予新动能。聚能就是聚创新之能。近年来，安阳积极搭建平台，推动焦化产业绿色发展，吸引了一批世界500强企业落户。"绿色生产""花园式工厂"成为安阳工业发展的"关键词"。

古都洛阳是新中国"一五"时期国家布局建设的重要工业基地。洛阳市因"促进工业稳增长和转型升级、实施技术改造成效明显"，连续三年获国务院督查激励。洛阳市将新发展理念落实落细，形成生动实践，发展的"含金量、含新量、含绿量"不断提升，走出了一条高质量转型发展之路。

古都郑州的转型集中在深度实施创新发展战略上。郑州市积极发展新一代人工智能、大数据、5G（第五代移动通信技术）、高端装备、新材料、新能源汽车及动力电池等战略性新兴产业，引导企业加大研发投入，建立研发平台，引进培养科技创新人才；同时鼓励企业加强与高校院所产学研合作，促进科技成果在全市转移转化，集成多方资源，支撑引领战略性新兴产业发展。

城市群是未来区域竞争的主要载体，是区域经济新的增长点，更是黄河流域高质量发展的重要平台。黄河流域城市群是黄河文明伟大复兴的重要实体，具体来看，主要包括3个区域性城市群：关中平原城市群、中原城市群和山东半岛城市群；以及4个地区性城市群，分别是：兰西城市群、宁夏沿黄城市群、呼包鄂榆城市群、晋中城市群。黄河流域城市群集聚了流域内60%以上的人口和70%以上的经济总量,是区域生态保护与修复的重点区域,也是黄河文化传承发扬的重点区。

古都转型一方面为各城市自身的发展谋得了未来,另一方面也为所处的城市群发展赋予了高价值的文化,而文化正是城市群高质量发展之魂和重要驱动力。黄河流域古都文化对黄河流域城市群高质量发展发挥着不可忽视的重要作用。

西安是关中平原城市群的中心城市。郑州是中原城市群的中心城市,开封以"郑汴同城"助力郑州作为城市群中心城市的发展。而洛阳则是中原城市群的副中心城市。西安为关中城市群赋予了汉唐文化之魂,郑、汴、洛为中原城市群赋予了中原文化之魂。古都文化为城市群内部的文化认同作出重要贡献,并在相互往来之中降低了交易、摩擦成本。在古都文化基底上利用现代文化生产方式和先进传播技术,可以成倍放大文化遗产自身的文化艺术价值,从而使之衍生出巨大的经济效益和社会价值。

## 三、黄河文化保护传承

黄河文化内涵丰富、贡献巨大，是中华文明特别重要的组成部分，更是中华文化中的根源文化、核心文化、主干文化，是中华民族的根和魂。保护、传承、弘扬黄河文化是黄河文明伟大复兴的重要抓手，已然上升为国家战略。黄河文化的保护传承需要推进黄河文化遗产的系统保护，深入挖掘好时代价值，为实现黄河文明伟大复兴凝聚精神力量，助力中华民族伟大复兴的中国梦。

非物质文化遗产表演

文化遗产是一种公共的、精神性质的财富，为人民所热爱，并世代传承。横向来看，从唐蕃古道上的要镇西宁，经过古丝绸之路的东方起点洛阳，以至龙山文化的发祥地济南，黄河两岸存在着一条宽广的文化遗产带。

黄河流域的非物质文化遗产有刚柔并济的青海越弦、跷高如楼的兰州苦水高高跷、明艳动人的晋阳"风火流星"、风格鲜明的西安鼓乐、精妙绝伦的少林功夫、催人恸哭的孟姜女传说……或以口述言传，或倚器物而表，异彩纷呈，推陈出新，代代无穷。

黄河流域物质文化遗产有雄峻的"青海八达岭"大通明长城、高耸的银川海宝塔、"持节云中遣冯唐"的云中郡故城、威震天下的秦始皇兵马俑、恢宏浩大的登封"天下之中"建筑群、济南千佛崖造像……林林总总，似将时间定格，凝铸出久经风雨的文化"载具"。

留住历史根脉，保护历史文化遗产，是传承中华优秀传统文化的必然要求。为有效保护和传承国家级非物质文化遗产，《国家级非物质文化遗产保护与管理暂行办法》出台，设置专项经费资助，坚持对非物质文化遗产真实性和整体性保护，并要求各级文化行政部门制定好非遗保护规划。

龙羊峡风光

黄河文化的保护传承需要彰显时代价值。回顾往昔，黄河文化昌盛，古都、遗址紧凑分布，豪杰英雄如云辈出。从远古时期的共工怒触不周山、大禹治水到当代的焦裕禄带领兰考人民治理盐碱、风沙和内涝等三害，以及三门峡、小浪底等大型水利工程的修建，人民群众始终不懈奋斗。深入挖掘好黄河文化的时代价值，不仅有助于推进黄河流域生态文化保护和经济社会的高质量发展，而且有助于弘扬中华文化精神、延续中华历史文脉和坚定中华文化自信。文化繁荣为经济发展提供智力支撑，经济发展为文化繁荣提供物质条件。新的历史时期，为实现黄河流域更加出彩和经济社会的高质量发展，更需要弘扬好博大精深、辉煌灿烂的黄河文化，并使之成为促进经济社会发展的精神动力和软实力。

党的十八大以来，习近平总书记多次提到黄河、长江、长城等都是中华民族的重要象征，是中华民族精神的重要标志，要加强文物保护和利用，重视历史文化的研究和传承，保护好中华民族精神生生不息的根脉。《中华人民共和国文物保护法》提出文物工作应当贯彻的基本原则。《关于加强文物保护利用改革的若干意见》对进一步做好文物保护利用和文化遗产保护传承工作做了具体部署，并提出要构建中华文明标识体系、创新文物价值传播推广体系、完善革命文物保护传承体系、建立健全不可移动文物保护机制、大力推进文物合理利用、完善文物保护投入机制等。

## 第三节　黄河文化是国家认同的重要纽带

　　文化认同是国家认同的基础，是国家向心力的动力和源泉，是维系整个民族、国家文化群体的精神支柱。文化兴则国运兴，文化强则民族强。文化自信、民族自信，前提是文化认同、国家认同，没有文化认同，就无法形成民族认同、国家认同。黄河文化是国家的重要血脉和灵魂所在，是国家认同的重要纽带。

### 一、以科技之力，书自立自强

　　科学技术是生产力中的重要因素。科学技术的发明创造，对人类社会的进步与改革有着巨大的影响力。自第一次工业革命到现代，人类社会发生了天翻地覆的变化，从衣食住行到意识形态无一不受着科学技术的影响。在现代，科学技术更是日益成为生产发展的决定性因素，有第一生产力之称。

　　科技立则民族立，科技强则国家强。近代以前，我国在世界范围内的科技领域处于领先地位，以主要创造于黄河流域的四大发明为代表的科技硕果不仅造福了本国人民，亦泽被世界人民的生产生活。近代以来，我国逐渐由领先变为落后，一个重要原因就是错失了多次科技和产业革命带来的巨大发展机遇，在世界工业革命大潮中被时代远远甩下。新中国成立以

毕昇与活字印刷术

后，中华民族深深地意识到"落后就要挨打"的朴素道理，高度重视发展科学技术，并取得了一系列的重要成果。"帝国主义在东方架起几门大炮就可以征服一个国家、一个民族的历史一去不复返了！"新中国的自立自强与科学技术具有密不可分的联系。

一个国家的自立自强从来都离不开科学技术的推陈出新，科学技术的推陈出新从来都离不开创新精神。而中华民族正是一个富有创新精神的民族。在历史的漫漫长河中，形成于黄河流域的革故鼎新、因革损益、与时俱进等思想观念逐渐积淀为中华民族最深沉的民族禀赋。勇于创新创造的民族禀赋成就了辉煌灿烂的中华文明。

纵观全球，当今世界正处于百年未有之大变局，科技创新与政治、经济、军事、外交等相互交织，正在成为大国博弈角逐的主战场。内察己身，当前我国已进入高质量发展新阶段，但科技创新能力水平与新发展格局的要求相比仍显不足。

为此，党中央提出了把科技自立自强作为国家发展的战略支撑的方针。习近平总书记指出，"关键核心技术是要不来、买不来、讨不来的"。实现科技自立自强是主动识变应变、因时因势而动的重要战略选择，是建设社会主义现代化强国的必由之路。

近几年，我国科技事业凭着优良的民族创新精神，在党中央的领导下，科技实力正在从量的积累迈向质的飞跃、从点的突破迈向系统能力提升，基础研究和原始创新取得重要进展，战略高技术领域取得新跨越，高端产业取得新突破，科技在新冠肺炎疫情防控中发挥了重要作用，民生科技领域取得显著成效，国防科技创新取得重大成就。这一系列的历史性成就充分证明，我国自主创新事业大有可为，高水平科技自立自强指日可待！

**延伸阅读**

### 蔡伦造纸

在蔡伦改进发明造纸术以前，绝大部分文字要么是刻在甲骨上，要么是写在竹简、丝绢上。这些材料有的十分笨重、有的十分昂贵，给人们造成了许多不便。在西汉时期，已有人开始使用一些麻和丝絮造纸，可这种纸看起来十分粗糙，书写起来十分不便。到了东汉时期，蔡伦决心为人们寻找一种实用的造纸方法。

蔡伦在河边观察到一个有趣的现象——妇女们洗蚕丝和抽蚕丝的"漂絮"过程中出现的现象。他发现好的蚕丝拿走后所剩下的部分蚕丝会在席上形成薄薄的一层东西。有人把它晒干，用来糊窗户、包东西，或是用来写字。于是，他就到造纸的作坊，向工匠们请教讨论，渐渐掌握了造纸的基本过程。

为了造出既经济又实用的纸，蔡伦使用了树皮、麻头、破布、废渔网等常见的材料，把它们捣碎，做成纸浆。蔡伦天天试验，月月研究，借鉴"漂絮"的方法，用席子去捞那些纸浆，捞出来的纸浆在席子上形成了薄薄的一层，晒干后就成了纸。

蔡伦造出了价格低廉、便于携带和书写的纸。这被列为我国古代四大发明之一，为知识的传播与普及提供了很大便利。

## 二、以文艺之美，筑时代华章

文艺作品是人类对客观事物的独特反映，是时代前进的号角，能反映一个时代的风貌，能引领一个时代的风气。进入新时代，广大人民群众的精神生活依然离不开文艺作品。新时代的华章需要文艺之美，新时代也势必会产出人民群众喜闻乐见的文艺作品。

黄河流域在历史上诞生了如黄河沙一样多的文艺作品，这些作品丰富了黄河文化的内涵，至今仍深刻影响着我们的精神生活。

我国最早的诗歌总集《诗经》主要成书于黄河流域，这里有"昔我往矣，杨柳依依。今我来思，雨雪霏霏"的戍卒之怨；也有"投我以桃，报之以李"的礼尚往来；兼有"呦呦鹿鸣，食野之苹。我有嘉宾，鼓瑟吹笙"的宴饮之乐；还有"皎皎白驹，在彼空谷。生刍一束，其人如玉"的留客惜别；更有"他山之石，可以攻玉"的哲悟之思……展

《诗经》内文

现出百样人生，千种意绪。

以至铺采摛文、体物写志的汉赋则极尽舞文弄墨之能，洋洋洒洒，力透纸背，气势恢宏，展现出大汉王朝的雍容盛气。司马相如《上林赋》描绘出陕西境内上林苑的优美自然景观和汉家宫阙的华丽壮观；《两都赋》和《二京赋》再现了汉代洛阳与西安两都的城市盛景。另一方面，汉乐府诗亦十分动人，有"少壮不努力，老大徒伤悲"的谏言箴理；也有"孔雀东南飞，五里一徘徊"的凄婉哀悼；兼有"天地合，乃敢与君绝"的至死不渝……诸此种种，不能言尽。

盛行于南北朝时期的骈体文辞藻华丽，对仗工整，声律铿锵，最具代表性的有庾信悲己伤国的《哀江南赋》。值得一提的是，庾信是由南方长江流域进入北方黄河流域的著名诗人，他饱尝分裂时代特有的人生辛酸，却结出"穷南北之胜"的文学硕果。他的文学成就，也昭示着南北文风融合的前景。

至于唐诗，诗仙李白有典出于黄河流域的《侠客行》诗作，激扬信陵君窃符救赵中朱亥、侯嬴的侠客义气；亦有"欲渡黄河冰塞川，将登太行雪满山"的浪漫诗句。王之涣登临今山西运城的鹳雀楼作有"白日依山尽，黄河入海流。欲穷千里目，更上一层楼"的千古名篇，还于《凉州词》中展示了"黄河远上白云间，一片孤城万仞山"的辽阔图景。

至于宋词，许多词人在宋都汴梁（今开封）留下了脍炙人口的经典词句。婉约派晏殊有"无可奈何花落去，似曾相识燕归来"的清新之句；后主李煜抒怀作有"剪不断，理还乱，是离愁，别是一般滋味在心头"的幽怨等。

至于元曲，剧制宏大。将"愿天下有情人终成眷属"为诚挚呼唤的《西厢记》以黄河流域的山西为故事发生地而展开。明清白话小说中，四大名著之一《水浒传》的聚义场所梁山泊便是位于黄河流域的山东地区。

抗战时期，一组《黄河大合唱》激励了无数华夏儿女抛头颅、洒热血投身到与侵略者的斗争之中。新中国成立以后，黄河流域的文艺作品亦十分突出：植根于三秦文化的《白鹿原》影响非凡；萌生于齐鲁民间文化的莫言系列作品获得了诺贝尔文学奖……这证明黄河文化不仅在古典时期对文艺作品有哺育之能，也在现代社会为文艺作品注入了精神之源。

"大鹏一日同风起，扶摇直上九万里。"

2021年12月14日，在中国文联十一大、中国作协十大开幕式上，习近平总书记引用唐代诗人李白的这联诗句，寄语新时代文艺工作者用自强不息、厚德载物的文化创造，展示中国文艺新气象，铸就中华文化新辉煌。新时代需要文艺大师，也完全能够造就文艺大师！新时代需要文艺高峰，也完全能够铸就文艺高峰！

## 三、以文明之光，负使命担当

文明的火种在黄河中游燃起之后就以火烧原野之势迅速发展壮大，很快就映射出万丈光芒。在璀璨的文明之光照耀下，亿万人民自觉肩负起使命与担当，用行动证明我们是黄河文明的继承者、新时代的建设者。

"士不可以不弘毅"。每一个时代的青年应自觉肩负起使命与担当，通过奋斗，为时代奉献自己的力量。少年壮志者如生长于黄河流域的霍去病，不拘古法，灵活用兵，跟随卫青北击匈奴，以少胜多，获封冠军侯，最终在漠北"封狼居胥山"，安定边陲。

在抗战时期，"风在吼，马在叫，黄河在咆哮！""保卫黄河！保卫华北！保卫全中国！"对于陕甘宁边区的军民来说，这首《黄河大合唱》不仅是一曲写意的爱国歌曲，更是一首写实的抗敌战歌。1938—1944年，中国共产党领导的抗日军民同仇敌忾、众志成城，在绵延数百公里的河防前线，在横遭敌机肆虐的延安古城，与侵略者顽强作战，阻寇于河东，歼敌于半济，胜利保卫了陕甘宁边区、保卫了辽阔的大西北。

此中，黄河文明在这些英雄儿女心中发挥着无比重要的精神作用。正因如此，历史上的黄河流域总是英雄辈出。正是因为这些奋斗者，华夏文明才昌盛不绝。

今天，广大青少年也要自觉肩负起使命与担当，共筑中国梦，做新时代的追梦人，在文明之光的照耀下，向着星辰大海与时代并驾齐驱。

二十大报告指出："从现在起，中国共产党的中心任务就是团结带领全国各族人民全面建成社会主义现代化强国、实现第二个百年奋斗目标，以中国式现代化全面推进中华民族伟大复兴。"听党话，跟党走，时代的追梦人用行动表达青春，向着未来，用时间铺展心中的壮志。追梦人在黄河文化中积淀力量，在不断磨砺中创新，在前进中对中国道路愈发自信。追梦人发出"请党放心，强国有我"的时代强音，向世界展现出对使命与担当的胜任感。

毛泽东同志曾说："世界是你们的，也是我们的，但是归根结底是你们的。你们青年人朝气蓬勃，正在兴旺时期，好像早晨八九点钟的太阳。希望寄托在你们身上。"全面建设社会主义现代化国家新征程已经开启，向第二个百年奋斗目标进军的号角已经吹响。在新时代的伟大征程上，我们广大青少年应砥砺"以身许国，何事不可为"的勇毅担当，激扬"敢为天下先"的创造豪情，奋发"寒窗苦读"的坚韧精神，勇于创新、顽强拼搏，不断地为实现中华民族伟大复兴作出新的贡献。让我们以科技之力，书自立自强；以文艺之美，铸时代华章；以文明之光，负使命担当！

# 第四节 黄河是铸牢中华民族共同体意识的重要标识

中华民族共同体的形成是一种偶然，也是一种必然。偶然的是它的一系列具体事件发生在历史的某一些时刻，而必然的是广袤大地上所活跃的族群终归会因为自然与非自然的因素而聚合成一个共同体。黄河在历史上，是游牧文明与农耕文明碰撞融合的重要舞台，是多元一体中华民族共同体意识形成的重要载体；在当代，亦发挥着铸牢中华民族共同体意识的重要价值。

## 一、农耕文明与游牧文明的交流融合

在我国北方，一条巨大的农牧交错带横亘于阴山南北及河朔等地，其范围自大兴安岭西麓的呼伦贝尔，转而向西南方向延伸，经内蒙东南、冀北、晋北直到鄂尔多斯、陕北。半湿润与半干旱区在此过渡，游牧与农耕的边界在此变得模糊，相互区别的两种文明形态——农耕文明和游牧文明在此毗邻，在战争时期它们你来我往，和平时期则互相守望。

　　黄河流域在历次农、牧文明碰撞中一度成为主要舞台。如戎狄破镐京而亡西周，秦穆公扫河西之戎而"益国十二"。汉初高祖受匈奴白登之围，武帝时霍去病取得对匈奴的河西大捷。两晋南北朝时期，匈奴、羌、氐、羯、鲜卑等游牧民族大举内迁、南下，进入黄河流域，相继造就了"十六国"和"南北朝"的政治局面。彼时，游牧与农耕文明多以淮河为界。到了隋唐时期，游牧与农耕的冲突地逐渐转向黄河中上游的内蒙古、青海、甘肃等地，主要是中原王朝与吐蕃、突厥、吐谷浑等游牧文明之间的冲突。五代十国以后，游牧民族凯歌高进，契丹、党项、女真、蒙古等崛起，纷纷饮马黄河。近代以前，游牧文明与农耕文明在黄河流域碰撞，为深度的文化交流融合奠定了基础。

　　在和平时期，农耕文明与游牧文明的经济文化交流十分频繁，常以和亲之约、关市贸易、贡赐关系等形式得以实现。战国时期，赵武灵王向北方游牧民族学习生活习俗，以"胡服骑射"的改革大幅提升了自身实力。汉时曾一度派遣使臣出使北方，向游牧文明送上大量的中原物资或以和亲的方式和平共处，著名的有"昭君出塞"。唐时，有文成公主进藏，为西藏地区带去先进的生产技术与优良的农作物种子。北宋时，西夏向中原称臣，契丹曾与宋缔结"兄弟之国"，以贡赐体系等来保障边陲安定。通过"绢马互市"和"茶马交易"，游牧与农耕文明之间得以互通有无。游牧世界的牲畜、皮革、毛类、乳肉制品以及战马、乐舞等因之输入农耕世界，丰富了农耕民族的物质文化生活。而农耕世界先进的农产品和先进的生产技术也不断输入游牧世界，农业文明的思想文化、社会组织和社会制度也随之北上，使得游牧世界整体的生产力水平得以提高，文明程度得到发展。

黄河的"几"字臂，同时养育了农耕与游牧一对儿女。农耕与游牧相生相随、相争相成，最终"相忘相化"。农耕文明和游牧文明的碰撞、交流和融合，使黄河、长城成为中国历史的"高温区"，成为中国历史大熔炉里火力最旺、受热最多、变化最烈的部位。

明月依旧是古时的明月，大河依旧推送着流波。如今的长城已不再具有防御的功能，而驿站和商路沿线却仍络绎不绝。活跃于大河南北的游牧文明与农耕文明在春风秋雨中对话，使双方的文化因子相互交融，共同塑造了中华民族的文化基因。

## 二、多元一体中华民族共同体意识的形成

中华民族作为一个命运共同体，在结构上表现为"多元一体格局"，在民族意识上表现为"你中有我，我中有你"的交融状态。各民族为了实现中

文化遗址

华民族的伟大复兴，以中华文化为中心，在尊重差异、包容互鉴的前提下，相互交往、交流、交融，逐渐成为具有强大凝聚力和强烈民族归属感的共同体——中华民族共同体。而在这个过程中，黄河流域一度成为中华民族交融的主要舞台。

早在约公元前6000年，中华大地上存在着一些聚居在不同地区的多个集团，那里是认识中华民族多元一体格局的起点。新石器时期黄河中游和下游存在着两个东西相对的文化区。到了约公元前3000年，仰韶文化在黄河中游地区突然衰落时，黄河下游的文化即向西扩张。河南龙山文化就是在仰韶文化的基础上，受到下游文化的汇聚和交融而兴起的。如果我们认为同一民族集团的人大体上存在一定的文化一致性，那么我们可以说华夏文化就是以黄河中下游不同文化的结合而开始的。

夏商周三代是汉族前身华夏这个民族集团从多元形成一体的历史过程。这时的统一体之内，各地区的文化还是保持着它们的特点。直到战国时期，荀子还说："居楚而楚，居越而越，居夏而夏。"可见各地文化之间还存在明显的差别。但不可否认的是，在春秋战国时期，各地人口的流动，各族文化的交流，衍生出一个历史上的中国文化高峰。直到秦国从渭河平原东出函谷，六国接踵而亡。秦国统一天下后，以车同轨、书同文、废封建、立郡县，建立起中央集权政府。至此完成了中华民族共同体的第一步——华夏族团形成，而第二步则是汉族的形成。

汉族的形成是中华民族形成中的一个重要阶段。有一种说法认为汉人成为族称是在南北朝初期，这不无道理，因为只有一个民族与外族接触才会产生民族意识。当时中原的居民在外来的人看来是一种"族类"，所以当中原居民被同一个名称来称呼，就说明这时候汉人已经形成了一个民族实体。

汉族形成之后就成了一个具有凝聚力的核心，开始向四周各族辐射，把他们吸收成汉族的一部分。早在汉武帝时，中央王朝就对河套、河湟等地区展开大规模的移民实边，仅甘肃西部设置的河西四郡就达28万移民。到了东汉光武帝时期，匈奴被迫一分为二，南匈奴留在今内蒙古境内并逐渐进入关内与汉人杂居。

黄河巨龙

东汉末年以来,中国西部和北部的各少数民族开始不断地向汉地迁徙。西晋统治时期,黄河流域居住着许多处于不同社会发展阶段的少数民族,尤其是山西和陕西关中一带最为密集。在汉族的影响下,这些内迁的外族逐渐由游牧转向农业定居,文化相互影响渗透,但矛盾也愈演愈烈。西晋末年,在黄河流域及巴蜀盆地出现了"十六国",实际上有20多个地方政权,大多是非汉民族建立的。在这大约一个半世纪里,正是这个地区民族大杂居、大融合的一个比较明显的时期。北方及西方非汉民族在上述地区建立地方政权表明,有大量的非汉人进入了这个地区,但此时尚处于混而未合的阶段,民族矛盾十分尖锐。

进入南北朝时期,黄河流域的游牧民族逐渐汉化,例如北魏的汉化改革;一些汉人也出现游牧民族化,例如北齐奠基人高欢便是鲜卑化的汉人。在西魏、北周,胡汉夹杂的关陇集团逐渐形成,并最终一统天下。出身关陇集团的隋唐统治者大多有少数民族的血缘,在他们的统治下,民族融合,唐太宗被称为"天可汗"。从唐至宋,北方民族不断给汉族输入新鲜血液,汉族同样也充实了其他民族,各民族蓬勃发展。后来,开始出现游牧民族统一的情况,即元与清的建立,这表明了民族融合的进一步发展。

中华民族逐渐作为一个"自觉"的民族实体而出现，但作为一个"自在"的民族实体则是几千年的历史过程所形成的。回首萧瑟处，骤雨初霁，一体的中华民族如雨后升起的彩虹，50多个民族手挽着手，心连着心，以"各美其美，美美与共"，成"天下大同"。

## 三、黄河对铸牢中华民族共同体意识的当代价值

我国是统一的多民族国家，各民族团结和谐，有助于国家兴旺、社会安定和人民幸福。党中央强调把铸牢中华民族共同体意识作为新时代党的民族工作主线，是着眼于维护中华民族大团结、实现中华民族伟大复兴中国梦作出的重大决策，也是深刻总结历史经验教训得出的重要结论。

黄河流域在中华民族共同体意识的形成过程中发挥了重要作用，充当了主要舞台。放眼当代，黄河对铸牢中华民族共同体意识亦有着不可替代的重要价值。黄河对铸牢中华民族共同体意识的当代价值主要表现在流域内民族区域自治制度的完善，各民族在流域内的和谐相处，民族地区的现代化建设和黄河文化对民族认同、国家认同方面的贡献上。

《中国的民主》白皮书指出，实行民族区域自治，从制度和政策层面保障了少数民族公民享有平等自由权利以及经济、社会、文化权利。我国宪法规定："国家尽一切努力，促进全国各民族的共同繁荣。"黄河流经的诸省份存在着多个不同的民族自治区域，例如：四川省阿坝藏族羌族自治州、甘肃省临夏回族自治州、宁夏回族自治区以及内蒙古自治区等。在这些民族自治区域内，民族区域自治制度得到有效贯彻，在实践中有效地推动了民族自治地方各项事业的历史性发展。经过多年的不懈努力，民族自治地方的各族人民的生存和生活环境明显改善，经济和各项社会事业迅速发展。在全面脱贫攻坚战中，黄河流域响应国家提出的"一个民族也不落下"，取得了辉煌成绩。民族自治地方的各族人民与全国人民一道，分享着国家现代化建设带来的发展成果。

在民族区域自治的制度框架下，黄河流域诸民族大团结的局面不断巩固，各族人民交往交流交融日益广泛深入，多民族像石榴籽一样紧紧抱在一起，平等团结互助和谐的社会主义民族关系不断得到发展，为铸牢中华民族共同体意识作出了贡献。

黄河流域在发展过程中，形成了完整的文化体系，是中华文明的"根"和"魂"，在中华民族形成过程中发挥着关键的凝聚作用。黄河文化蕴含的"同根同源"的民族心理和"大一统"的主流意识，是增强民族认同感、维系国家统一和民族团结的精神文化支柱。黄河文化在全国范围内都有着深远的影响力，是中华民族向心凝聚的核心所在。在当前复杂多变的国际环境下，为实现中华民族的伟大复兴和民族团结提供了精神层面的伟大力量。

黄河文化在世界文明的浩瀚星空中留下了浓墨重彩的印记，是增强中华民族文化自信的重要载体。黄河文化的存在让中华民族变得更加团结，可以为有效抵御外来渗透、分裂势力提供精神力量，为维护国家统一和民族利益作出卓越贡献。

在实现中华民族伟大复兴的征程上，黄河对铸牢中华民族共同体意识发挥着重要的作用。它将流域内乃至全国范围内的不同民族、阶层进一步吸引、聚合为一个整体，以爱国主义精神为价值导向，为民族复兴的共同理想和目标而奋斗；它有效地消弭意见分歧，促进民族认同与和谐，维护国家稳定与统一；它更加充分地强化民族自尊心、自信心、自豪感，振奋民族精神，激励民众为国家富强、民族振兴、人民幸福而奋斗！

# 第五节　黄河文化的精神传承

壮哉黄河，浊流莽莽，精神烁烁，一条怒川去不尽，千秋精神永流传。古往今来，中华民族在黄河流域留下了太多痕迹，其中遮不住、抹不去的精神至今仍激励着中华儿女为心中的信仰而奋斗。黄河文化在时间的流动下传承、发展，不断自我更新，形成了一条条优美的精神线条。这些线条经纬相织、纵横交错，制成了装点时空的华裳。

## 一、自力更生、艰苦奋斗的延安精神

延安精神是形成于黄河流域延安地区的红色革命精神，是中国共产党革命和建设的伟大精神动力，本质是解放思想、实事求是。延安精神主要包括实事求是、理论联系实际的精神，全心全意为人民服务的精神和自力更生、艰苦奋斗的精神。

自力更生在一定程度上助力革命的纯洁性建设，也促使革命事业逐渐走向成熟。艰苦奋斗是中国共产党和人民的事业不断发展壮大的实践路径，中国共产党是靠艰苦奋斗起家的。回顾党的历史，从在上海成立到井冈山时期，从遵义会议到延安时期，从西柏坡到夺取全国政权，从新中国成立到改革开放新时期，艰苦奋斗是思想作风，也是工作作风，是中国共产党的优良传统和政治本色。

艰苦奋斗为凝聚党心民心，激励全党和全体人民为实现国家富强、民族振兴而共同奋斗提供了力量。

延安时期是中国共产党在中国局部地区建立人民政权并不断扩大执政区域的重要时期。中国共产党历来把为中国广大人民谋利益作为自己的根本宗旨，在延安时期又响亮地提出了"为人民服务"的口号并在全党认真实践。全心全意为人民服务的精神是中国共产党区别于其他一切政党的根本标志，是中国共产党一切行动的根本出发点和落脚点。

延安时期是中国共产党科学总结正反两方面经验，成功地推进马克思主义中国化、在理论上实现第一次历史性飞跃的时期。毛泽东同志的许多重要著作，如《中国革命战争的战略问题》《实践论》《矛盾论》《论持久战》《新民主主义论》《论联合政府》等，都是在延安时期完成的。将理论与实际相结合、不断开拓创新促使马克思主义思想学说不断中国化，为走出中国特色社会主义道路奠定了基础。

用实事求是来概括中国共产党的思想路线，也是在延安时期。实践表明，只有解放思想，才能达到实事求是；只有实事求是，才是真正地解放思想，二者具有互相促进的关系。实事求是，说易行难，中国共产党所取得的骄人成绩离不开实事求是。实事求是战胜了一切浮夸、形式主义，做到了真正地立足现实，由此而进行解放思想，无往不利。

坚定不移地进行新民主主义革命，建立崭新的人民共和国，是延安时期中国共产党人和全国各族人民的奋斗目标，是延安精神的政治灵魂。毛泽东一贯倡导的坚持一切从实际出发、实事求是的思想路线，是延安精神的精髓。全心全意为人民服务，是中国共产党和人民军队的根本宗旨，是党从事一切革命事业的出发点和归宿，也是延安精神的核心。毛泽东一贯倡导的自力更生、艰苦奋斗的创业精神，是延安精神的本色。延安精神作为第一批纳入中国

延安革命纪念馆

共产党人精神谱系的伟大精神,具有鲜活的生命力,在新时代依然闪耀光辉,为中国共产党再创辉煌、人民事业发展向前提供精神力量。

## 二、无私奉献、迎难而上的焦裕禄精神

"把我运回兰考,埋在沙堆上。活着我没有治好沙丘,死了也要看着你们把沙丘治好!"焦裕禄临终前如是说。两年后,焦裕禄的灵柩被运回兰考,上万名百姓站在街道两旁,泪流满面地告别他们心中永远的焦书记。

焦裕禄的一生展现出对旧世界的绝望和建设新世界的热情。他是党的好干部,人民的好儿子。他的躯体已然长眠地下,但他的精神却永垂不朽!由他一生的实践所衍生的"焦裕禄精神"被习近平总书记概括为"亲民爱民、艰苦奋斗、科学求实、迎难而上、无私奉献",被选入中国共产党人精神谱系。

县委书记的好榜样焦裕禄

焦裕禄少年好学,却因条件所限被迫辍学,尔后父亲亡故,便早早肩负起家庭的重担。他历经日本帝国主义的奴役,饱尝封建地主的压迫。后来,他加入民兵组织,在斗争中一心向党,并最终成为一名光荣的共产党员。他的前半生颠沛流离、苦难重重,却依然抖擞精神、积极进取,注重科学技术的学习,践行"为人民服务"的理念。

1962年,焦裕禄冒着寒风来到灾区兰考赴任,映入眼帘的是一望无际的黄沙、白茫茫的盐碱地,还有内涝的洼窝,以及漫天遍野的枯草。这一年正是兰考遭受自然灾害最严重的时候。在一个北风呼啸的夜晚,焦裕禄同志带着县委委员来到火车站,看着那些外出的受灾群众,他说:"党把这个县36万群众交给我们,我们不能领导他们战胜灾荒,应该感到羞耻和痛心。"如此,他一到任便积极鼓舞干部信心,对干部进行思想教育,打掉了县委之前存在的消极抗

灾思想，树立起迎难而上的观念。

为了摸清兰考的"三害"情况，在焦裕禄的带领下，兰考县委组建了"三害调查队"，全队走访县境内140多个大队中的120多个，记录风口和沙丘，把县里的洼地、淤塞河道绘图编号，绘制了一幅改造兰考的蓝图。调查工作中，焦裕禄身先士卒，骑着一辆破旧自行车夙夜匪懈地在县境内往来奔波。他一次次拖着病躯在沙丘上顶风而行，一回回在齐腰深的水中躬身掘泥。有同志担心他的病情，劝他不要参加调研，他便说："吃别人嚼过的馍没味道。"正是有了这样实事求是的调查，焦裕禄才对内涝、风沙和盐碱这"三害"制定出了科学的应对策略。

在全面贯彻除"三害"方案时，焦裕禄和百姓吃住在一起，即使是住在草庵和牛棚里也积极快乐，只因那心中的美好蓝图正在落实。焦裕禄贯彻了党的群众路线，在艰苦奋斗中升华自我，无愧于亲民爱民的赞誉。在指挥抗洪及种植泡桐树时，焦裕禄总是深入一线，身先士卒，以身作则，冒着危险冲在最前面；有他出现的劳动现场，人民群众总感到信心满满，干劲十足。

在他的带领下，兰考县土地沙化问题得到了有效解决，原本一万多亩的流动沙丘，全都被淤土封上，生长出茵茵绿草。而且焦裕禄潜心研究以后发现泡桐树不怕盐碱地，生长迅速，兼具防御风沙的功能，且不会影响农作物的生长。由此，焦裕禄大力推行种植泡桐。他和兰考人民一道努力。很快，兰考县的盐碱地上出现了一百多万棵泡桐树。

1964年，兰考人民在兰考的田野里喜迎收获，而他们的焦书记却躺在郑州的病床上忧心忡忡。焦书记牵挂着兰考人民，希望一睹麦穗的饱满充盈，以确认人民生活的幸福安康。当人民群众怀着感恩的心拿着麦穗来给他看时，焦书记却永远地闭上了双眼。焦裕禄的无私奉献精神至今仍感动着兰考人民，激励着全国的共产党人。

多年以后，习近平同志五年三次到访兰考，号召全国掀起学习焦裕禄精神的思想活动，并亲手植下一棵泡桐树，寓意焦裕禄精神的生生不息。当年的那些泡桐树"今已亭亭如盖矣"，风吹起时便绿海摇波，那些树叶声中仿佛有焦老书记欣慰的笑声。今日兰考，已发生巨变。中国泡桐之乡，国家园林县城，全国首个普惠金融改革试验区，入选全国"幸福百县榜"……兰考人民过上了梦寐以求的幸福美满日子。在新时代的黄河流域，"焦裕禄们"与民携手，朝着新的目标而去。

## 三、奏响新时代的"黄河大合唱"

中华文明探源工程揭开了那些无文字记载的历史，二十四史承载着那些有文字的历史。捧起一块石器时代的磨制石具，摩挲它，那粗糙的质感连接你的触感，祖先的生活将充满你的想象。翻阅一页史书，许多人的一生将被你翻过，那里波澜壮阔，坟冢林立……过去的已然过去，今天的仍在书写。进入承前启后、继往开来、在新的历史条件下继续夺取中国特色社会主义伟大胜利的新时代，我们更懂得辉煌灿烂的往昔，更了解奔腾不息的现在，更知晓有关我们的未来。

黄河，我们的母亲，她的怀抱里养育了无数儿女，巾帼须眉洋溢着热情，书写着个人历史的同时，也造就了力的合集，那合力如大河一般奔涌向前，指向历史的方向，指向我们的未来。我们聆听着黄河的波涛声，听到了历史为今天和声，今天与历史合唱——这是世所罕见的、绵延不绝的"黄河历史曲"。

新时代，黄河上游着力于加强水源涵养能力建设，筑牢"中华水塔"，注重保护重要水源补给地，加强了重点区域的荒漠化治理，降低人为活动的过度影响，唱出嘹亮高音。黄河中游加强水土保持，大力实施林草保护，增强水土保持能力，发展高效旱作农业，唱出圆润中音。黄河下游推进湿地保护和生态治理，修复黄河三角洲湿地，建设黄河下游绿色生态走廊，促进滩区生态综合整治，唱出醇厚低音。全流域合而共唱之，加强水资源节约集约利用，科学配置全流域水资源，科学调控水沙关系，强化环境污染系统治理。高、中、低音齐唱，共唱出"黄河生态曲"。

立足新时代，我们要传承黄河文化，保护黄河文化遗产，讲好黄河故事，不断从黄河文化中汲取养料，打造出具有国际影响力的黄河文化旅游带，让黄河文化走出"舒适区"，奔向世界。

让我们以黄河文化的精神传承为旋律，将"黄河历史曲""黄河生态曲""黄河文化曲"融为一体，心往一处想，劲往一处使，凝心聚力共唱出新时代的"黄河大合唱"！

## 延伸阅读

### 调研黄河流域文化变迁与文明遗址

本章的研学活动向同学们推荐仰韶文化遗址、二里头文化遗址、石峁遗址、甘肃省博物馆、殷墟博物馆、陕西历史博物馆、洛阳博物馆、河南博物院、开封博物馆、延安革命纪念馆、焦裕禄同志纪念馆等流域内的文明遗址和博物馆、纪念馆。同学们可选择一处或多处参观调研。这些地方所陈列的物品、记述的文字展示了流域内文化的变迁，传承着流域内不同地区的文化故事。其众多的历史故事足以满足你的好奇心，提高你对流域文化的认知水平。

文明遗址让我们惊喜于古人的智慧，让我们感受到从那时起，充满灵性的先祖就开始用脚步来丈量大河。那些足迹曾被尘埃掩盖，现在又被我们发现。一经感受，早期都邑的文明将充满你的想象，黄河的文化就落入你的锦囊，民

族的英魂随之填满你的心房。多元一体的中华民族正为续写史诗长卷而不断奋斗着。奋斗使科技走向自强，奋斗让流域恢复"健康"，此中自有黄河文化给予我们的力量。

　　新时代的"黄河大合唱"声中，流域内的座座古都再次焕发生机，黄河文化的接力棒逐渐递交到新一代青年的手上。黄河文化给我们以自信，使我们深信——中华民族在黄河上所写下的华章，必然会越写越长，并变得更加辉煌。

# 第五章 大河之治

## 课前导读

黄河孕育了古老而伟大的中华文明,哺育了一代又一代的中华儿女。但,她也有"桀骜不驯"的一面——"多灾多难",尤以"善淤""善决""善徙"而著称。黄河水患,也一直是历代统治者的"心腹之患"。那么,历史上的黄河水患给我们带来了什么影响呢?为了治理黄河水患,前人又进行了哪些探索?取得了什么成就呢?

# 第一节 黄河水患伴华夏

## 一、历史上频发的水患灾害

黄河一直以"善淤、善决、善徙"而著称于世。由于黄河在中下游地段经常发生决口泛滥,以致下游河道频繁大规模变迁,并不断改道入海,因此,黄河素有"三年两决口,百年一改道"之说。据黄河水利委员会统计,仅从公元前602年有黄河决溢改道记载开始到1938年花园口决堤的2500多年间,黄河下游决口1590次,大的改道26次,给沿岸人民的生产生活带来了巨大损失。

据文献记载,两汉时期,黄河发生重大改道。当时黄河主流迁徙至魏郡(今河北临漳县西),后于魏郡决口,向东南方向冲进漯川故道,至利津一带入海,史称"东汉河"。此次决口导致50多年的河水泛滥,泛滥区人民苦不堪言。当时的执政者王莽为了避免位于魏郡的王氏祖坟被淹,于是放任河水东流,不主张堵口。直至公元69年,水利工程师王景规划主持另辟新道,才终于平息了河患,使黄河安居河道约800年。

自唐末以来,黄河的含沙量显著增加,以黄河为水源的汴渠淤塞严重,不得不靠定期疏浚河道、加高培厚河堤来维持汴渠的通航。常年持续的河患使得下游地区生态环境遭到严重破坏。黄河决口后，洪水恣意泛滥，巨浪滔天，草木、庄稼、动物等被淹。洪水以及其所携带的大量泥沙，破坏了下游地区的自然面貌，造成水系紊乱、河湖淤积。据史料记载，后晋开运元年（944）六月，黄河决口，在淹没今河南北部和山东西南部的广大地区的同时，洪水开始积聚在梁山周围，将原来的"巨野泽"扩展为了著名的"梁山泊"。

清朝年间，黄河又在兰阳铜瓦厢（今河南兰考）决口，洪水先流向西北，后折转东北，夺山东大清河入渤海。铜瓦厢以东数百里的黄河河道自此断流，原本穿苏北地区汇入黄海的"大河"迅即化为遗迹。河决之后，黄水将河口门刷宽达七八十丈。一夜之间，黄水北泄，豫、鲁、直三省的许多地区顿时被殃及。而清政府由于忙着镇压太平军，采取"暂行缓堵"的放任态度，更是加剧了这场灾难的广度和深度。此外，黄河决口在一定程度上影响了当时政治军事生态布局的重新排列组合。据《山东黄河志》统计，1855年以后，黄河决溢成灾，侵淤徒骇河45次、马颊河7次、北五湖12次。这不仅削弱了其蓄泄能力，还在平地上留下大片沙地和洼地，恶化了环境，从而加重了下游地区的水、旱灾害。水、旱灾害进一步造成良田荒芜、土地沙化，尤其以黄河泛滥造成的土地沙化最为严重。黄河溃决之后，由于泥沙的沉积，大量良田严重沙化，危害极大，实与洪水冲击之害相当。很多地区的良田被沙压，造成五谷不生、野无青草、土质极差，水退之后，一经微风则尘土飞扬。

肆虐的洪水也使得人口锐减，严重阻碍了黄河下游社会经济的发展。黄河水灾不仅夺去人的生命，破坏社会生产力，还吞没了农田民舍等生产生活资料，使老百姓不能恢复再生产。黄河决口的当年，下游地区夏、秋两季均绝产。洪水所过之处，大量土地沙化荒芜，农民失去生产基础；灾后大量农村劳动力急剧流失，农业生产急剧退化。

近代以来，离我们最近的一次重大水患发生于1938年。蒋介石为阻止日军进攻，下令炸开郑州东北花园口黄河大堤，全河向南流，沿贾鲁河、颍河、涡河流入淮河。花园口决堤给广大人民群众造成极大的灾难，河南、皖北、苏北40余县的大片土地被淹，千百万人流离失所，并形成连年灾荒的黄泛区。这就是历史中著名的"花园口决堤事件"。

## 二、黄河水患的主要原因

新中国成立以来，因为政府有为、生产力水平提高等原因，黄河治理卓有成效，取得了岁岁安澜的大好成果。但在过去的 2500 多年里，黄河安澜却是可梦而不可求的空中楼阁。那么，为什么黄河水患一直不能根治呢？

第一，自然原因。黄河常发水患，主要是由黄河流经区域的特殊性决定的。黄河流经区域广，面积大，且地势落差大，而经过区域的土质条件不相同，尤其中游区域以泥沙土质为主，河流中携带大量泥沙，容易造成下游的河道淤塞，导致排水不畅、不及时，形成水患。

第二，人为原因。古代治理黄河经历了几个认知阶段，前期以堵为主，后来又进行分流改道，未能认识到造成水患的真正原因，不能有效阻止中上游泥沙的沉积。同时，也存在战争时期人为决堤引发水患的现象。南宋建炎二年（1128），东京守城将领为阻止金兵南下，在今滑县李固渡人为扒开黄河大堤，企图"以水挡兵"，结果洪水滔天，不仅没有阻挡金军，反而使大宋百姓淹死众多，由此也开始了黄河南流的历史。还有上文提到的"花园口决堤事件"也是人为原因造成的。此外，有人迷信地认为发生洪水是上天的谴责，所以历史上发生过统治者听信谗言不去救灾，任洪水肆虐的现象。

第三，经济原因。黄河治理资金消耗巨大，这从清朝记载的资料中就可以看出。据文献记载，乾隆时期的治河耗费数倍于清初，嘉庆后期的耗费倍于乾隆后期，道光时期的耗费又高于嘉庆时期。仅清朝嘉道两朝至咸丰之初的 60 年中，河工费用总计不下 5 亿两白银，接近其财政总支出的三分之一，以至于清后期已经负担不起如此高的治河耗费。在 1855 年又一次黄河决口之后，忧于战事的清廷无力应付，导致黄水奔腾，水面横宽数十里甚至数百里不等。

新中国成立后，随着生产力水平、科技水平以及认知水平的不断提高，我国对黄河水域的治理进入一个新阶段。当下，黄河中上游地区主要开展水土保持工作，包括退耕还林、建造拦洪坝、控制水量等。下游地区主要采取修堤筑坝，加固黄河大堤，同时建筑分洪工程以应急需。另外，黄河两岸建造了四个分洪工程，在尽可能确保黄河下游两岸人民生命财产安全的同时，让黄河得到有效治理，并充分发挥黄河的潜在利用价值。

# 第二节　自古以来黄河治理的艰难探索

## 一、治黄史就是一部治国史

中国作为一个傍水而生、水量相对丰富的国家，从古至今治水防灾问题都是头等大事。黄河安全事关黄河流域两岸百姓的幸福生活，黄河治理也是历朝历代以及新中国建设以来国家安全的重中之重。从大禹治水的传说，到都江堰工程的美谈，再到明清几代帝王整治黄河水患，足以凸显治水问题的重要程度。所以，黄河水患作为中国治水防灾中最为突出的问题，不仅要治，还要治得好。只有这样才能保障沿黄两岸百姓免受洪水肆虐之苦，才能实现国家长治久安，实现中华民族伟大复兴的千秋大计。

古今治黄史实际上就是一部治国史。历史上有汉武帝亲赴黄河一线指挥堵口，也有康熙亲自钻研水利理论进行水准测量，更有贾让、王景等仁人志士前赴后继投身于黄河治理探索。可以说，黄河治理得到了历代统治阶级的高度重视。

人民治黄以来，党中央同样高度重视黄河水患治理。1952年，毛泽东同志利用中央批准他休假的时间第一次出京视察就来到黄河边。他察看防洪形势，了解治黄方略，发出"要把黄河的事情办好"的号召，把黄河治理上升为国家战略。这句话后来也广为流传，成为动员和激励几代人治理黄河的响亮口号。

党的十八大以来，习近平总书记多次考察黄河。2019年9月，习近平总书记主持召开座谈会，从中华民族伟大复兴千秋大计的高度，提出黄河流域生态保护和高质量发展国家重大战略。

## 二、历代黄河治理探索

长期以来，黄河治理重在水患的防治。《史记·夏本纪》中有记载，当帝尧之时，鸿水滔天，浩浩怀山襄陵，下民其忧……尧听四岳，用鲧治水。九年而水不息。周人的逸诗也咏叹道，俟河之清，人寿几何？这也从侧面反映出古往今来黄河水患之严重,水患治理之必要。频繁的水患给黄河下游沿岸百姓带来了巨大的灾难,古往今来,许多治河人物、思想与方略便应运而生。让我们一起翻开历史的画卷,走进那些治理黄河的历史人物,领略他们的治黄风采!

### (一)大禹"疏导分流"

秦汉之前,史书的相关记载较少,其中"大禹治水"的传说广为流传,这也是我国最早记载且可考的一段治水佳话。鲧用息壤(传说中的土壤)堵水失败后,大禹充分吸取了教训,提出"疏川导滞""决九川,距四海"的治水策略,即利用水往低处流的自然规律,疏通主干河道,然后再在两岸挖出若干排水渠道,导引漫溢出河床的洪水和渍水至河道、洼地或湖泊,然后流入海洋。这一做法有效平息了黄河水患,由此,治黄工作由"消极堵塞"转为"积极疏导"。此外,大禹治水时由于实际操作需要而"左准绳,右规矩""行山表木,定高山大川",在治理黄河过程中,这些原始测量工具的发明也推进了测量学的发展。

简而言之,早期,人民受生产力水平的制约,主要以抵御黄河流域的洪水为主。而伴随着黄河沿岸居民人数的增多和居民生活部落的逐渐扩大,黄河决口引发的洪水危害也日益严重。人们意识到仅从黄河局部视角治理洪水的堵塞方式已不能保障沿岸百姓安全,于是不断创造新型使用工具,并开始从黄河宏观视角看待洪水治理,摸索出疏导与固堤相结合的治水方式。

### (二)贾让"治河三策"

西汉后期,黄河大堤年久失修。绥和二年(前7),黄河再次决堤。刚继位的汉哀帝刘欣决心整治黄河,下诏寻求治水能臣,其中贾让提出的"治河三策"脱颖而出。

据《汉书·沟洫志》记载,"治河三策"分别为:上策"徙冀州之民当水冲者,决黎阳遮害亭,放河使北入海",即让黄河改道经太行山而过,依靠太行山蓄水挡洪,并把治河经费用于移民,避免人水矛盾;中策是"多穿漕渠于冀州地,使民得以溉田,分杀水怒",即在黄河狭窄河段开渠分洪,可减轻水患危害;下策为"缮完故堤,增卑倍薄",即在原有河堤上不断加固完善。这三条策略集西汉各家治河方略之长,达到了当时治河认识的新高度,至今仍被认为是治理黄河有效的思路。然而,由于西汉末年国势衰弱,朝廷无法承担移民、改建河道等大型水利项目,贾让的策略最终只停留在理论层面,未能付诸实践。

### (三)王景"宽河行洪"

东汉明帝年间,国家安定,国力逐渐恢复,治理黄河一事再次被提上日程,于是因疏通浚仪渠得到重用的王景受命治河。《后汉书·王景传》记载:"乃赐景《山海经》《河渠书》《禹贡图》及钱帛衣物。夏,遂发卒数十万,遣景与王吴修渠筑堤,自荥阳东至千乘海口千余里。"王景治河的策略以"筑堤""理渠"为主,"筑堤"即新修宽堤,因势利导,实现宽河行洪。"理渠"即在勘察地势的基础上分渠立闸,每到夏季开闸防洪。他还创造性地修建水门,即现代的溢流堰。"令更相洄注,无复溃漏之患"(《后汉书·王景传》),即将黄河水从内堤的上游水门放出,经过外堤的阻挡,再从下游的水门中回流到黄河中,实行双重堤坝,这些措施有效平息了黄河水灾。水渠建成后,汉明帝亲自巡视,并下诏仿西汉旧制,沿河设立负责河堤的官员。据记载,自王景治河后的800余年中,黄河不曾改道,决堤的频率也大大降低,进入了历史上第二个大的安流期。

不过,虽然王景节约工程费用,花费依旧很大,据《后汉书·王景传》记载,"简省役费,然犹以百亿计"。东汉时期,征调几十万军队且动用数以百亿的花费治理黄河,在当时社会经济水平还很低下的情况下,可以说是"举全国之力,创人间奇迹"。

综上,黄河的治理是依靠国家力量来完成的,只有在中央集权的大一统背景下才能征调军队、花费巨资修筑千里大堤。所以,治理黄河历来都是国之大事。重视黄河的治理,才能保证中华民族的永续发展。

### (四)贾鲁"疏塞并举"

元顺帝执政期间,河患日益严重,人民流离失所。他要求大臣们研究治河对策,并任命贾鲁为"总治河防使"。贾鲁领命后"循行河道,考察地形,往复数千里备得要害",然后决定采取"疏塞并举,挽河东行以复故道",即疏(分流)、浚(浚淤)、塞(筑堤)并举的方略。

治理黄河名人雕塑

第一步是疏浚黄陵冈以下河道,并开挖新河泄洪,确保决口合龙后大堤安全。第二步是堵塞缺口、豁口,修筑堤坝。最后是堵塞黄陵冈决口,使黄河回归故道。但当时正好碰上秋汛，水刷岸北行，回旋湍急，难以堵截。对此，贾鲁创造性地提出"石船大堤"法，即用27艘大船做一"方舟"，"方舟"内装石，依次下沉，层层筑起"石船大堤"，将黄河"复故道"，南流汇于淮河，向东入海。这次治河成效显著，成为治黄史上的一个伟大创举。

贾鲁治河取得的成就也受到当政者的高度评价。这次"治黄"兴工之大，用人之众，耗资之多，成效之高，都是空前的。这也丰富了我国河防建设的理论、技术、经验。

### （五）潘季驯"束水攻沙"

明清时期，人们逐渐意识到治沙是治理黄河的关键，治水思想也从"分渠立闸"演变为"束水攻沙"，其中以明代潘季驯治河最有成效。

潘季驯为嘉靖年间进士，古代著名的治河专家，曾主持治理黄河和运河。潘季驯在总结前人经验的基础上，经过多番实地考察，提出"束水攻沙"法。"筑堤束水，以水攻沙，水不奔溢于两旁，则冲刷乎河底"，即收紧沿岸的河道，利用水流巨大的冲击力，冲刷沉积在河床底部的泥沙，达到清淤防洪的效果。经过潘季驯治理后，黄河"清口方畅，流连数年"。

客观来讲，潘季驯的束水攻沙思想，在治黄的理论上实现了从"分流"到"合流"、由"单纯治水"到"重点治沙"的重大转折，在治理黄河的历史上是一个历史性的转折点。自此，黄河结束了数百年来多支分流的局面，开始以单一河道的形式运行。

潘季驯的治河思想影响深远，不仅在明清两代成为治河之本，被水利专家陈潢称赞，甚至还影响到近代欧洲的水利工程。但是，他的治河思想也带有一定的局限性，其治理的区域仅限于水患严重的黄河下游，而对于黄河泥沙产生的源头——黄土高原地区未给予关注。

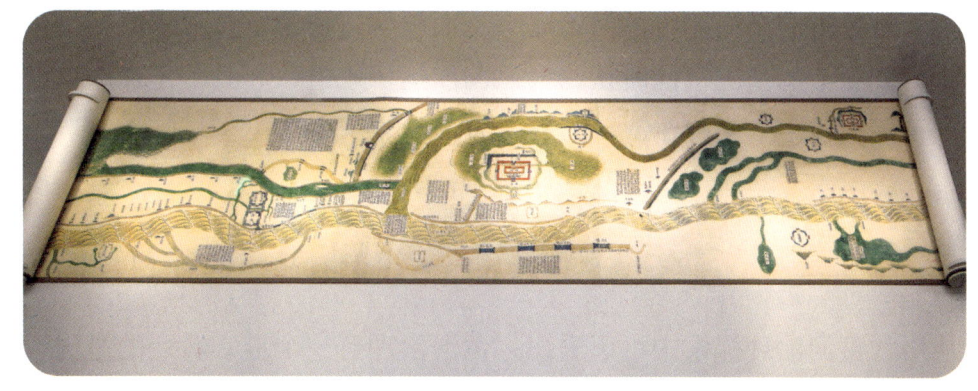

潘季驯《河防一览图》

## （六）靳辅与陈潢"疏浚筑堤"

清代前中期，清王朝对黄河治理非常重视，康熙以三藩及河务、漕运为三大事。康熙十六年（1677），靳辅被任命为河道总督治理黄河。靳辅和他的幕僚陈潢通过对黄河河道进行实地勘察，了解水情，继承了潘季驯"束水攻沙"法的思想，但又结合了分流减灾的方法，对黄、淮、运进行全面治理。

第一步是"疏浚河道"治下游。采取"疏浚筑堤"并举的办法治理清江浦至入海口150千米多的河道，并在淮河出湖口开挖5道引河，以清刷黄，使并流入海。

第二步是"修减水坝"治上游。修筑"减水坝"并设置可调控的闸室，确保有大洪水时能顺利分洪，而且在遇到淮消而黄涨时，还可灵活调度各闸分出之水，调节河水流量。

第三步是堵塞决口。采取先易后难的原则，靳辅、陈潢先对小口进行堵塞，然后集中力量堵塞大口。

第四步是坚筑高家堰河堤以通漕运。靳辅与陈潢治河从全河出发，将黄、淮、运三河作为整体进行综合治理，使大河回归故道，带来了10年的安流期，保证了漕运的正常运行。

## （七）李仪祉"黄河治本"

近代，在下游修防、抢险堵口方面，传统治黄技术仍占主导地位，但随着新技术的传入，治黄思路和方法都有了新的发展。其中，李仪祉提出了"黄河治本"思想，在根本上改变了传统的治河方略。

李仪祉是我国近代水利科学的技术先驱，曾于1933—1935年任黄河相关治理机构负责人。他将当时先进的科技思想与我国优秀的治河经验相结合，提出上中下游并重的全面综合治河策略，从而缓解过去偏重黄河下游河道治理使黄河得不到根治的情况，同时认为防洪与航运、水电、灌溉等工作应该兼顾，认识到黄河上游水土保持在黄河治理中的重要性。

# 三、治水思想演变

从历代黄河治理探索中可以看出，黄河治理有一个重心转变的过程，弄清这一过程有利于更好地理解黄河文化，尤其是黄河水利文化在黄河流域发展中的重要性，因此，梳理出黄河治理重心转变的历史脉络，可为现代黄河治理提供借鉴，也可为弘扬传承黄河文化奠定基础。

### （一）从疏导思想到分流思想的演进

疏导思想来源于大禹时期。大禹治水采用"疏通为主，围堵为辅"的策略，即沿着低洼的地势，动用大量人力开挖河道，让黄河沿着既定水道顺势进入大海，效果显著。西汉后期，时任清河郡都尉的冯逡主张采用分流的方法防治黄河，利用清河郡境内的屯氏河分减黄河水势，但他的建议未被采纳，后黄河发生决口，淹没多地，证明他的建议是正确的。西汉贾让治水三策的中策"多穿漕渠于冀州地，使民得以溉田，分杀水怒"这一措施继承了冯逡的分流思想，即在冀州多开渠道，以达到灌溉、漕运和泄洪的综合目的。元明清时期，统治者由于黄河决口严重影响运河通行，几乎都主张黄河分流。刘大夏、刘天和与胡世宁等是分流思想的倡导者，他们也把分流思想用于治河实践中，使得黄河水患在一定程度上得到遏制。但是随着时间发展，分流思想存在的弊端逐渐显露，明代后期合流思想逐渐占据主导地位。

### （二）以水排沙到合流思想的演进

基于分流在治河实践中会降低河水流速，导致下游易淤积泥沙从而使河水决溢成灾的弊端，明代后期治河者提出合流主张。合流的主导思想是"以水排沙"。汉代的治河者已认识到大量泥沙淤积会造成黄河下游决溢，可利用高速水流冲淤河道，减少水患发生。到明代后期，潘季驯对这个思想进行了继承发展，提出了"筑堤束水，以水攻沙"的治河方略。此方略一经应用就取得了良好的治河成效，受到后人的高度评价。

### （三）全流域治理思想的产生与演进

全流域治理思想于明代后期出现，此时的治河者对黄河水沙特性和其变化规律有了更深入的认识，意识到黄河治理不能只局限于黄河下游，更要注重中上游和全流域综合治理。

明朝嘉靖年间，周用在其《理河事宜疏》中提出要在黄河流域遍修沟洫，在全流域实施水土保持的措施。徐光启也继承周用的思想提出于"上源水多之处"治沟洫的主张，即先治理上游水土流失严重的高原地区，从源头处控制黄河的泥沙，达到彻底治理黄河水患的目的。清康熙年间黄河水患严重，靳辅与陈潢也从全河出发，将黄、淮、运三河作为整体进行综合治理，对黄河上中下游分别"对症下药"，使大河回归故道，很好地诠释了综合治理的思想。近代李仪祉、张含英等杰出代表吸纳西方水利学者的有益见解，也形成了全流域综合治理的治河思想。

历代国家领导者都很重视黄河水患。古往今来，为治理黄河水患，治河先贤带领劳动人民进行了艰苦的实践探索，取得了许多成果，也在不同时期维持了一定时间的黄河安澜。在整个探索过程中，随着对黄河认知的加深，治水理念亦不断进步、取得发展，变得越来越系统化，为黄河近现代治理提供了宝贵的历史经验。

## 第三节　当代黄河治理取得伟大成就

### 一、当代黄河治理开发历程

#### （一）以防治下游水患为主的阶段

1946年，中国共产党成立冀鲁豫解放区黄河水利委员会，开启了黄河治理的新纪元。新中国成立后，百废待兴，国家高度重视黄河治理工作，多位国家领导人莅临黄河流域进行视察，作出了重要指示和战略部署。

此时国家把重点放在了下游泥沙治理上面，并开始部署黄河流域水利开发工作。1952年10月，毛泽东同志在视察黄河流域后发出"要把黄河的事情办好"的号召。其后，周恩来同志基于我国的国情和黄河治理的艰巨性，主张采取稳妥有序的治河方略。

自1955年第一届全国人民代表大会第二次会议通过《关于根治黄河水害和开发黄河水利的综合规划的报告》后，山西、陕西、甘肃等地开展了大规模植树造林运动，并修建水土保持工程，这大大地改善了黄河中游地区的自然生态。同时，三门峡水利枢纽工程，刘家峡和青铜峡等大型水电工程，胜利渠与景泰川等引黄灌溉工程，在防洪、发电、灌溉等方面发挥了重要作用。

这一时期黄河的治理与开发成效显著，为之后治黄事业的进一步开展奠定了重要基础。

### （二）流域保护与发展辩证统一的时期

改革开放后，全国上下朝着实现生产力解放和经济快速增长的目标前进，在这一背景下，黄河流域的保护和发展之间的矛盾逐渐凸显。1999年，江泽民同志提出要"坚持经济效益、社会效益、生态效益的统一"，"实现经济建设与人口、资源、环境协调发展"。2006年，胡锦涛同志进一步指出黄河治理必须"坚持人与自然和谐相处"。这当中（2004年），水利部及其流域机构还提出了"维持黄河健康生命"的治黄新理念，以达到"堤防不决口、河道不断流、污染不超标、河床不抬高"的目标，实现发展和保护协同共生。

这一时期，国家在黄河流域下游地区开展了大规模的标准化堤防建设，并在中上游地区兴建了小浪底和龙羊峡等重要水利枢纽工程，在水力发电、调蓄洪水、农业灌溉等方面发挥了重要作用。同时，针对黄河水资源浪费与污染问题，政府大力提倡发展集约型农业，加强农村、城市的节约用水宣传，并出台了一系列规章制度等。这些举措的实施，使得黄河流域的水资源节约与保护取得了可喜成绩，社会上也逐渐形成了追求人与自然可持续发展的广泛共识。

黄河风光

### （三）黄河保护治理新时代

党的十八大以来，以习近平同志为核心的党中央着眼于生态文明建设全局，明确了"节水优先、空间均衡、系统治理、两手发力"的治水思路，黄河流域生态保护和高质量发展全面驶入"快车道"。

黄河保护治理的一系列政策、机制、制度得以确立，生态环境保护和水资源管理制度逐步建立健全；"河长制"全面推行，并逐步由虚向实，为流域管理与区域管理协同发展提供了更有力的抓手；黄河河道整治和滩区安全建设基本形成了"上拦下排、两岸分滞"的下游防洪工程体系，初步形成了"拦、调、排、放、挖"的综合处理泥沙体系，扭转了黄河下游频繁决口的局面。

新时代以来的治黄实践充分展现出中国共产党坚定不移走生态优先、绿色发展的现代化道路，为黄河流域高质量发展注入了新的经济增长点，提高了流域内群众的生活水平。

## 二、当代黄河治理保护

新中国成立以来，国家对黄河治理一直极为重视，把治理开发黄河这项伟大工程列入国家重要议事日程。沿黄军民和广大黄河建设者在党和国家的领导下开展了大规模的黄河治理保护工作，不仅实现了黄河治理从被动到主动的历史性转变，而且创造了黄河岁岁安澜的历史奇迹，在黄河治理和黄河流域经济社会发展等方面取得了举世瞩目的成就。尤其是党的十八大以来，中央政府着眼于生态文明建设全局，黄河流域的经济社会发展水平和居民生活水平都得到了显著提高。

### （一）水沙治理取得显著成效

黄河防洪减灾体系基本建成，即使历经伏秋大汛，也能保障黄河无恙，确保人民群众的生命财产安全和社会大局稳定。新中国成立以来，国家投入大量人力物力，全力改变防洪工程隐患众多、相对羸弱的局面，先后4次加高培厚堤防，持续开展河道整治，进行河口治理。总共加固堤防1300多千米，建成了三门峡、小浪底、沁河河口村、伊河陆浑、洛河故县等干支流水库，开辟了北金堤、东平湖等分滞洪区，形成了"上拦下排、两岸分滞"的防洪工程体系，下游凌汛威胁基本解除，河道萎缩态势得到初步遏制，黄河含沙量近20年累计下降超过八成。

另外，通过实施水资源消耗总量和强度双控，流域用水增长过快局面得到有效控制。当前，年均汇入渤海水量增加约10%，实现连续20多年黄河不断流的大好态势。全流域内国土绿化水平和水源涵养能力持续提升，山水林田湖草沙保护修复加快推进，水土流失治理成效显著，优质生态产品供给能力进一步增强。人民治黄以来，依靠制度优势、工程措施和科学调度，我国保障了沿黄大中城市和能源基地的供水安全。调水工程顺利推进，水电资源有序开发，从而有力地支撑了沿黄地区经济社会的可持续发展。

### （二）生态环境持续明显向好

水土流失综合防治成效显著，生态环境明显改善。新中国成立后，黄土高原水土流失治理经历了由点到面、由单项治理到综合治理、由人工措施为主到更加注重自然修复的转变。通过淤地坝、坡改梯、小流域综合治理等措施，达到增产拦泥的目的。目前，初步治理水土流失面积年均增加1.25万平方千米，设立河湖长22.76万名。

党的十八大以后，各级政府坚持系统观念，从生态系统整体性出发，推进山水林田湖草沙一体化保护和修复治理。截至2018年，黄河流域累计保存水土保持措施面积近24万平方千米，建成5.9万多座淤地坝和大量小型蓄水保土工程，在2000多条小流域开展了综合治理。水利水保措施年拦减入黄泥沙4.35亿吨，原来的跑水、跑土、跑肥的"三跑田"变成了保水、保土、保肥的"三保田"。三江源等重大生态保护和修复工程加快实施，上游水源涵养能力稳定提升。中游黄土高原蓄水保土能力显著增强，实现了"人进沙退"的治沙奇迹，库布齐沙漠植被覆盖率达到53%。下游河口湿地面积逐年回升，生物多样性明显增强。

在习近平生态文明思想指引下，黄河生态调度"版图"不断扩展，首次开展全河生态调度，黄河的生态廊道功能得到增强，河口等生态脆弱区生态得到修复；实施引黄入冀补淀，助力雄安新区水城共融；向乌梁素海生态补水，助力打造北疆亮丽风景线；探索向库布齐沙漠生态补水，为沙漠"锁边"提供水资源保障；通过加强水资源刚性约束、"清四乱"等综合措施，还水于河、还地于河，河湖生态进一步恢复，生态环境质量显著改善。

### （三）沿岸经济发展水平不断提升

黄河流域是我国重要的经济地带。近年来，郑州、西安、济南等中心城市和中原、关中平原、山东半岛等城市群建设速度明显加快。作为全国重要的农牧业生产基地和能源基地，黄河流域的战略地位进一步得到巩固，新的经济增长点不断涌现，经济发展水平总体明显上升。

自2014年以来，沿黄河9省区滩区居民迁建工程的进度显著加快。高铁互联体系的构建，进一步提高了沿黄地区的交通基础设施服务水平，使得黄河两岸区域融合发展步伐不断加快，沿黄人民的生活条件得到显著改善。种种迹象表明，黄河流域具备在新的历史起点上推动生态保护和高质量发展的良好基础。随着黄河流域战略地位不断巩固，黄河文化影响力也显著增强，流域人民群众生活更为宽裕，获得感、幸福感、安全感显著提升。

## 三、当代黄河治理经验

新中国成立以来，在党和国家的坚强领导下，黄河流域治理工作走过了波澜壮阔的历程，也为新时代继续推进黄河治理工作提供了宝贵经验。

### （一）以党的领导为根本保障

70多年来，新中国治黄事业所取得的辉煌成就，既是党和国家统筹推进黄河流域人与自然协调发展，注重保护和治理的系统性、整体性、协同性之成果，也是党和国家充分发挥总揽全局、协调各方的领导核心作用的体现，更是我国社会主义制度优越性在不断推进国家治理体系和治理能力现代化的充分彰显。

这使我们认识到，只有在中国共产党领导和社会主义制度下，才能彻底改写黄河频繁决口改道的历史，实现黄河的长治久安；才能有效应对流域大旱灾，保障两岸生产生活用水安全；才能着眼不同历史时期治黄主要矛盾的发展变化，将流域生态保护不断推向新高度；才能不断完善治河体制机制和方略，探索走出一条符合黄河实际的大河保护治理之路。

在新时代继续推进黄河治理的过程中，我们必须坚持党的集中统一领导，坚决贯彻党中央决策部署，继续处理好黄河流域治理开发保护的复杂难题，在推动经济社会实现可持续发展方面取得新的辉煌成就。

## （二）以人民至上为价值导向

习近平总书记深刻指出，"我们党的百年历史，就是一部践行党的初心使命的历史，就是一部党与人民心连心、同呼吸、共命运的历史"。人民性是中国共产党领导下的治黄事业不同于历史上任何时期的最显著标识。

一方面，党始终坚持为人民利益而奋斗。新中国成立后，从"要把黄河的事情办好"到黄河治理必须"坚持人与自然和谐相处"，再到"让黄河成为造福人民的幸福河"，中国共产党始终践行以人民为中心的发展思想，不断将良好的生态环境作为最普惠的民生福祉，将高质量发展作为流域治理开发的现实路径，确保了治黄事业不断从胜利走向胜利。

另一方面，党始终尊重人民的主体地位。封建社会少数统治者主导黄河治理，人民群众的主动性和创造性得不到发挥。1946年人民治河机构成立后，解放区人民迸发出巨大创造热情，40多万民工自带工具上堤劳动，初步恢复了黄河大堤防洪功能。在历次战胜黄河大洪水的过程中，中国共产党始终尊重人民主体地位，始终坚持依靠人民，不断汇集广大人民群众的无穷智慧，凝聚起了撼天动地的磅礴力量。

## （三）以系统治理为基本方略

习近平总书记深刻指出，"要推进美丽中国建设，坚持山水林田湖草沙一体化保护和系统治理"。70多年来，黄河治理体系从单一到综合，从初期偏重下游防洪转向全流域系统治理。为适应涉河行为增多和强度加大、治理对象和要素不断拓展的新形势，我国逐步确立了"堤防不决口、河道不断流、污染不超标、河床不抬高"的综合目标，构建了维持黄河健康生命的综合支撑体系。

实践昭示，黄河保护治理是一个层次结构复杂、持续动态变化的巨系统，流域内外彼此支撑、上下游相互作用、左右岸唇齿相依，牵一发而动全身，任何单一的、固定的措施都难以真正把黄河的事情办好。必须坚持系统论的观点，"跳出黄河看黄河"，着眼整体把握局部，着眼长期处理近期，着眼高质量发展把握黄河保护治理定位，加强前瞻性思考、全局性谋划、战略性布局、整体性推进，加强要素统筹、贯通耦合，统筹发展和安全，把政府市场作用、法治科技支撑有机结合起来，在多重目标中寻求动态平衡。唯有如此，才能使黄河实现长久安澜。

### 延伸阅读

#### 了解治水能臣——林则徐

林则徐是清末政治家,以虎门销烟的事迹而广为人知,但他还有另外一个重要的身份——水利开发建设者。

早在担任翰林院庶吉士时,林则徐就撰写了《北直水利书》(后被修缮为《畿辅水利议》)。他在任职期间曾对吴淞江、黄浦江、娄江(浏河)以及白茆河("三江一河")进行了修浚,并兴修了相应的水利工程。

1824年,林则徐奉命总办江浙七府水利,他实地考察后发现是太湖洪水排泄受阻导致江苏水灾。在疏浚工程具体实施过程中,林则徐因母亲病逝回家守丧,接任者根据他的治理思路,于1826年完成了对黄浦江、吴淞江的疏浚工程,明显提高了太湖流域的泄洪排涝能力。

1825年,黄河在南河高家堰决口,朝廷破例将林则徐召回。林则徐义不容辞亲赴南河堵口,并不辱使命完成了任务。

1841年,林则徐流放途中,黄河于当年在河南决口,当时豫、皖受灾面积广大。在朝廷想要尽快堵塞决口却无计可施的情况下,"诏示林则徐折回东河,效力赎罪"。林则徐中途奉旨后日夜兼程赶赴河南祥符,在第一线督导黄河堵口工程。

在督修黄河决口时,林则徐在堤段上来回巡查。决口历时8个月成功合龙。虽然历尽艰难堵口成功后仍被流放至伊犁地区,但他依旧写下"幸瞻巨手挽银河,休为羁臣怅荷戈",这充分体现了他胸怀天下,并不斤斤计较个人得失的高尚情操。

如今,在黄河流域的开封段有一段"林公堤",即为了纪念林则徐当年的堵口功绩而命名的。林则徐治水注重深入实际,因地制宜,科学施策,值得大家学习。

# 第六章 大河之约

## 课前导读

黄河上游生态脆弱，中游水沙关系不协调、水土流失严重，下游水患频发，滩区亟须整治，这些，曾是黄河流域生态保护与发展过程中面临的重大难题。而要解决这些问题也面临不少挑战：上游地区人口稀少，经济发展欠发达；中游地区生态环境脆弱，经济下行压力大；下游地区人口较多，经济发展水平相对较高，但受水资源短缺的限制较大。近年来，随着生态文明建设稳步推进，这些难题和挑战也在不断被克服。在党和政府的领导下，黄河流域生态保护和高质量发展之路在探索中不断前进，黄河正在成为造福人民的幸福河！

# 第一节 打造"山水林田湖草沙冰"生命共同体

## 一、"山水林田湖草沙冰生命共同体"的发展历程

40多年前，习近平总书记在陕北劳动生活时，就已经意识到人与自然是生命共同体，对自然的伤害最终会伤及人类自己。《中共中央关于全面深化改革若干重大问题的决定》的说明中明确指出——我们要认识到，山水林田湖是一个生命共同体，人的命脉在田，田的命脉在水，水的命脉在山，山的命脉在土，土的命脉在树。

近些年来，习近平总书记到全国多地考察调研，实地察看各地生态环境保护情况，在实践中不断丰富、发展生命共同体理念。

2017年7月19日，总书记在中央全面深化改革领导小组第三十七次会议

上提出"坚持山水林田湖草是一个生命共同体"，添加了一个"草"字，让这个理念首次得到拓展。

2021年3月，习近平总书记在内蒙古代表团参加审议时指出："统筹山水林田湖草沙系统治理，这里要加一个'沙'字。"将生命共同体的概念进一步拓展。

2021年6月，习近平总书记在青海省考察时，肯定青海省"山水林田湖草沙冰共同体"的提法："我注意到你们加了个'冰'字，体现了青海生态的特殊性。"

2021年7月，习近平总书记在西藏实地察看雅鲁藏布江及尼洋河流域生态环境保护等情况时，进一步指出："要坚持保护优先，坚持山水林田湖草沙冰一体化保护和系统治理，加强重要江河流域生态环境保护和修复，统筹水资源合理开发利用和保护，守护好这里的生灵草木、万水千山。"这便是"山水林田湖草沙冰生命共同体"的发展历程。

## 二、黄河流域"山水林田湖草沙冰生命共同体"的实践探索

黄河上中下游依次流经青海、四川、甘肃、宁夏、内蒙古、山西、陕西、河南及山东9个省区，各地结合实际积极探索"山水林田湖草沙冰生命共同体"的实践经验，目前已取得了不少进展。

青海：

黄河的发源地位于青海省的三江源地区。这里不仅是黄河的发源地，也是长江、澜沧江这两条大河的发源地。因此，保护好青海的生态环境，是大自然赋予青海各级党政机关和人民群众的使命任务。习近平总书记也强调："保护好青海生态环境，是'国之大者'。"

一方面，青海省积极树立绿色发展理念，通过培育生态文化和生态道德，让绿色发展理念成为青海人民共同的价值追求。另一方面，青海省深化生态环境保护，全力推动青藏高原生物多样性保护，开展木里矿区生态环境整治以及洁净三江源行动，使三江源区成为践行习近平生态文明思想的引领示范区。

甘肃：

自2021年以来，甘肃省以黄河上游水源涵养提升、祁连山河西走廊区域生态建设、陇中陇东黄土高原水土保持为重点，不断完善生态保护修复制度机

制,持续推进黄河流域生态保护修复工作,有效落实了18项重点任务。同时,甘肃省统筹山水林田湖草沙冰一体化保护修复,编制完成《甘肃省黄河流域生态保护和修复专项实施方案》。

另外,甘肃还持续推进重点地区生态保护修复,不仅实施了甘南黄河上游水源涵养区山水林田湖草沙一体化生态保护修复重大工程,而且对祁连山—河西走廊区域开展林草生态修复、防沙治沙建设工程,对陇中陇东黄土高原实施水土保持重点工程建设,还开展省内历史遗留废弃矿点生态状况调查工作。

宁夏:

宁夏因地制宜地进行生态环境建设实践,创造了一批更具指向性和针对性的地方生态环境法制资源。2016年至今,宁夏积极寻找源头保护、系统治理的新方法,以形成山水林田湖草一体化生态保护与修复的新格局,先后出台《宁夏回族自治区六盘山、贺兰山、罗山国家级自然保护区条例》《宁夏回族自治区湿地保护条例》《宁夏回族自治区森林公园管理办法》《宁夏回族自治区防沙治沙条例》等一系列规范性法律文件。当前,宁夏山水林田湖草一体化保护与修复制度在立法层面也取得了一定成绩。

内蒙古:

内蒙古自治区的实践主要围绕"加强重点区域荒漠化治理"展开。"十三五"期间,国家林业和草原局通过天然林保护、"三北"防护林建设、退耕还林还草、京津风沙源治理、退化草原治理、自然保护地建设等工程,共安排726亿元中央投资支持内蒙古生态建设。包头市等内蒙古沿黄流域重点地区被纳入区域性山水林田湖草沙系统治理示范项目范围。

山西:

近年来,山西省坚持山水林田湖草沙系统治理,不断加大治水兴水力度,通过坚持"两山七河一流域"系统治理理念,全面开展汾河、桑干河等"七河"以及晋阳湖、漳泽湖等"五湖"生态修复,全力开展19个岩溶大泉保护与修复,持续进行水土流失治理,水生态环境不断好转。

尤其是2017年以来,山西省围绕河湖管理保护,实施"清河专项行动""治水监管百日行动""取用水管理专项整治""非法采砂专项整治""黄河岸线利用项目专项整治""'清四乱'大起底大排查大整治"等一系列措施,打出生态治理、河道修复、乡村美化等一套"组合拳",三晋大地河湖生态面貌焕然一新。

陕西：

陕西省针对黄河流域山水林田湖草沙冰一体化治理，可概括为五大主要任务，即"防沙固沙、水土保持、退耕还林、水源涵养、矿山修复"。具体而言包括以下要点：（1）推进土地沙化防治，风沙区生态防护林建设；（2）实施水土流失治理，加强对黄土高原小流域和坡耕地综合治理，加大封山禁牧和封育保护力度；（3）退耕退牧还林还草；（4）加大水源涵养力度；（5）矿山生态修复。

河南：

河南省结合黄河中游、下游不同地形地貌特征，在全线全域因地制宜开展沿黄复合型生态廊道建设，加快筑牢黄河生态屏障。

河南省组织实施一批重大的山水林田湖草沙一体化治理工程。在河南济源示范区，当地以生态保护修复试点工程为契机，大力开展矿山地质环境治理、水生态环境治理、生态系统保护、土地整治与污染修复四大类生态保护修复工程，已累计完成矿山地质环境综合整治面积1万余亩；完成矿山地质环境综合整治23处。

山东：

2017年底，泰山区域生态保护修复工程纳入国家第二批山水林田湖草生态保护修复工程试点。山东省地矿局作为泰山区域生态保护修复工程主要技术支撑单位，统筹推进山水林田湖草系统治理，在加强生态保护推动绿色发展上持续发力，协助山东省成功申报了国家第二批山水林田湖草生态保护修复试点工程，打造了山水林田湖草生态保护修复"泰山模式"，树立了生态保护修复"山东样板"。

山水林田湖草生态保护修复"泰山模式"，以"一线六区、三治一解"的系统修复思路为指导，以"五个思维"的经验理念为导向，"六位一体"的体制机制为保障，"六个结合"的管理实施为突破，"五个方向"的资金筹措为基础，"五大专业"的技术方法为核心，对北方地区山水林田湖草生态保护修复具有极强的现实指导意义，为北方省区实施山水林田湖草生态保护修复提供了"山东样板"。在"泰山模式"的指导下，泰山区域生态保护修复工程项目取得了重大成效。

由此可见，黄河上游地区各省份的主要任务是提升流域水源保护和涵养能力。对于流域上游的河源区、河谷区、河套平原区和鄂尔多斯高原区，应以保护湿地、涵养水源为重点。保护黄河上游水源地，实施湿地恢复、退牧还草、退耕还林、恶化退化草场治理及水土保持等措施，注重对高原植被和水源涵养林的保护，加大上游生态环境保护力度，遏制湿地、草地退化，以达到保护物种多样性和提升水源涵养能力的目的。尤其是对"中华水塔"——三江源的保护要格外重视，只有这样，才能让上游地区为黄河的生命健康提供持续的源泉和根本的保障。如果没有这个保障，整个流域的生命共同体就成了无源之水，这个生命共同体也就不存在了。

黄河中游地区各省份要抓好流域中游水土保持和污染防治，加强退耕还林还草和沙漠治理。黄河之"黄"，来源于黄河泥沙，而这些泥沙主要来自中游地区。黄土高原、汾渭盆地和太行山区需按照防治结合、突出重点、分区防治的思路，因地制宜进行治理。加大生态环境保护和修复工程建设，推进退耕还林还草、退牧还草，科学合理优化淤地坝、梯田、林草措施布局，最大限度地减少水土流失、拦减泥沙、减轻河道淤积，发挥河道生态功能。只有把这些工作做好了，才有助于大大改善黄河流域生态系统内"山水林田湖草沙冰"这个生命共同体。

黄河下游地区各省份关注的重点主要是滩区综合整治、"三生空间"的合理配置以及黄河三角洲生物多样性保护工作。黄河滩区生活有190万以上的人口。近年来，在耕地面积变化不大的情况下，建筑面积逐渐增加，造成滩区生态环境逐渐被破坏，对整个黄河流域生态系统也产生了较大的破坏作用，滩区综合整治势在必行。开展黄河滩区综合整治，合理划分滩区类型，分类施策，在低滩区实施居民迁建、退耕还湿、退耕还滩、河岸带水生态保护与修复、湿地植被恢复、有害生物防控等措施，逐步恢复湿地功能。另外，还要合理配置滩区生态、生产、生活空间。对黄河滩区土地按生态、生产、生活功能进行分区管理，留足生态用地，规划一批生态公园，最大限度地减轻洪水泛滥对滩区人民的威胁，有效缓解行洪、泄洪空间与滩区居民生产、生活空间之间的矛盾。此外，加强黄河三角洲地区湿地监测、保护和修复工作，也是黄河下游生态系统恢复的关键。主要包括：建立针对性的环境监测系统和环境评价系统，优化水资源利用，节约淡水资源，增加湿地人工补水。开展湿地资源调查评价和监测，加强河口湿地修复与保护，建立并完善黄河三角洲湿地保护与利用的政策、法制和补偿体系，引导人们保护与合理利用湿地，提升三角洲生境适宜性，促进河流生态系统健康发展，提高鸟类和植被等生物多样性。

综上，黄河的上中下游各地之间存在明显的差异，需要上中下游各省份之间统筹谋划，加强流域内生态环境保护建设，才能构建黄河美丽生态带，打造"山水林田湖草沙冰生命共同体"保护和系统治理的新高地！

# 第二节　建设黄河国家文化公园

## 一、国家文化公园概述及黄河国家文化公园

国家文化公园是我国原创的一种文化工程建设模式。从字面意思来看，国家文化公园由国家、文化、公园三个词共同组成，实质上，国家文化公园是这三个具有深刻内涵词语的有机整合。其中，国家代表着宏观格局与高度，体现着国家意志和顶层设计；文化代表着本质属性与显性特征，承担着唤醒民族之魂和追溯文化之根的历史责任；公园代表着空间属性和文化的物质载体，体现着特定的空间权属和全民性的公益性质。建设国家文化公园，是当下中国文化建设的重大战略；是践行新时代深入贯彻习近平文化思想的伟大实践；是强化中华民族精神标识，传承弘扬中华优秀传统文化和革命文化的重要举措；是推进社会主义文化强国建设的重大文化工程。

黄河国家文化公园是我国四个国家文化公园之一（其他三个分别为长城国家文化公园、大运河国家文化公园和长征国家文化公园），也是汇聚国家力量打造的中华文化重要标识，在国家发展大局和社会主义现代化建设全局中具有举足轻重的地位。黄河流域历史悠久，文化资源丰富，文化内涵深邃，不仅孕育了关中文化、河洛文化、齐鲁文化等独具特色的地域文化，而且黄河流域是中华文明最早的起源地，黄河文化对于中国有着极为特殊的意义。另外，黄河以奔腾向前、百折不挠的磅礴气势塑造了中华民族自强不息的民族品格，是中华民族坚定文化自信的重要根基。建设黄河国家文化公园，具有极为重要的时代价值。

> **延伸阅读**
>
> **"国家文化公园"的缘起及发展历程**
>
> 提到"国家文化公园",大家可能有点陌生,更别提"黄河国家文化公园"了。
>
> "国家文化公园"是我国的原创概念,是一种新的建设模式,有别于国内外现行的国家公园管理模式和制度体系。像"山水林田湖草沙冰生命共同体"一样,"国家文化公园"的建设也是在一步一步发展中,从最初的探索阶段到后来的不断完善阶段,都体现着该举措的重要意义。
>
> 自20世纪80年代开始,我国就开始了对国家公园建设的探索,并先后进行了三江源、武夷山、神农架等国家公园的试点建设。
>
> 2015年初,《建立国家公园体制试点方案》中提及,国家拟在北京、吉林、黑龙江、浙江、福建、湖北、湖南、云南、青海开展建立国家公园体制试点。每个试点省份选取1个区域开展试点,试点时间为3年,2017年底结束。
>
> 2017年5月,《国家"十三五"时期文化发展改革规划纲要》正式提出,中国将"依托长城、大运河、黄帝陵、孔府、卢沟桥等重大历史文化遗产,规划建设一批国家文化公园",以此为基础逐步建立起中华优秀传统文化的重要标识体系。
>
> 2018年4月,大运河国家文化公园(江苏段)启动了建设规划编制工作;2018年6月,北京长城国家公园体制试点区总规划初步完成。
>
> 2019年7月,中央全面深化改革委员会第九次会议通过了《大运河、长城、长征国家文化公园建设方案》,确定了长城、大运河、长征三大国家文化公园的建设。
>
> 2020年,党的十九届五中全会又将黄河国家文化公园的建设列入其中,形成了"四大"国家文化公园的全面布局。

## 二、沿黄省区关于建设"国家文化公园"的重要举措

由于黄河流域沿线各个地区自然生态差异较大,人文和历史文化资源也各不相同,所以各地在新时代所面临的高质量发展的目标和起点也不一样。因而,黄河各个流段的"黄河国家文化公园"建设过程中,在体现"国家文化公园"

的总体要求，展示黄河文明和历史文化的同时，也在与各个地区的特点相结合，尽可能显现出它的"唯一性"。接下来，让我们来看一下甘肃、宁夏等地为了推进黄河国家文化公园建设所做出的具体举措。

甘肃：发挥智库支持，助力国家文化公园建设。

甘肃省是黄河国家文化公园建设的重点区段，目前已成立黄河国家文化公园研究院。该研究院主要围绕黄河流域生态环境与历史文化演变等重大主题，立足实际研究甘肃丰富的黄河文化资源，促进黄河流域与"一带一路"广泛开展人文交流，提升甘肃建设华夏文明传承创新区的内涵，为黄河流域高质量发展提供重要的智库支持和学术支撑，加速推进"黄河文化"走出国门、走向世界，推动中华优秀传统文化创造性转化、创新性发展。

宁夏：全力打造黄河文化传承彰显区。

宁夏在推进黄河国家文化公园建设中，不断丰富提升具有宁夏标识的黄河文化内涵，完善沿黄重点区域文化旅游服务设施，准备打造一批标志性融合示范项目，综合展示黄河宁夏段黄河文化的建设成果。

山西：建设黄河国家文化公园示范区域。

山西在建设黄河国家文化公园方面具备诸多优势。一是空间广阔区位优越。黄河干流在山西全境约占黄河全长的1/5。二是文化丰富底蕴深厚。山西是中原农耕文明与草原游牧文明的交融带，黄河文化资源密集、代表性强，根祖文化、晋商文化、德孝文化、忠义文化等闻名遐迩，红色文化内涵丰富，旧石器时代遗址、地上木构古建筑、古代壁画和彩塑数量均居全国首位。三是遗产保护工作扎实推进。平遥古城、云冈石窟、五台山等世界遗产地遗产保护与活化利用得到了有效推进。四是文化旅游业发展繁荣。黄河、长城、太行三大旅游板块和品牌打造良好，涌现出舞蹈史诗《黄河》、鼓乐舞诗《大河之东》等文艺精品。

陕西：建设具有国际影响力的黄河文化保护展示传承廊道。

陕西以本省黄河流域文物及文化资源分布、山形水势为基础，结合黄河国家文化公园建设需求，依托黄河沿线文物文化资源，以期打造关中文化高地、红色革命高地，构筑渭河文化带、红色文化带、秦岭生态文化带、边塞文化带，建设各具特色的黄河文化展示园，竭力扩大黄河文化的国际影响力。

河南：率先建成郑州黄河文化公园。

河南目前已建成郑州黄河文化公园，且已经投入使用。该公园位于河南省郑州市西北 20 千米处的黄河之滨，南依巍巍岳山，北临滔滔黄河。纵览雄浑壮美的大河风光，品味源远流长的黄河文化，这里是黄河地上"悬河"的起点，也是黄土高原的终点，黄河中下游的分界线等一系列独特的地理特征形成了博大、宏伟、壮丽、优美的自然景观。

郑州黄河文化公园广场"炎黄二帝"头部雕像

目前，郑州黄河文化公园已对外开放，分布着炎黄二帝巨塑、中华百位历史名人群雕、黄河母亲"哺育"塑像、黄河地质博物馆、黄河碑林、万里黄河第一桥、临河广场等景点。

山东：立足齐鲁文化，打造黄河文明创新传承典范。

山东结合齐鲁地域文化特征以及黄河文化遗产分布特点，通过重点建设"管控保护区、主题展示区、文旅融合区、传统利用区"这 4 类主体功能区，坚持轴带贯通、区域协同、高地支撑，构建"一廊一带四区多点"的黄河国家文化公园建设格局，以期将山东黄河国家文化公园打造成黄河文明创新传承典范、世界文明交流互鉴高地、文旅深度融合发展标杆。

整体而言，黄河沿线各省区都在积极推进黄河国家文化公园的建设进程，中国文化建设目前已进入国家公园建设崭新阶段。预计到 2035 年，黄河国家文化公园将全面建成。届时，文化的国家自觉、民族自觉和民众自觉水平会显著提高，从而助力国家文化自信在新时代获得更加强劲的发展。

# 第三节　讲好新时代生态文明故事

九曲黄河滋养着流域内世世代代的中华儿女。从三江之源到奔流入海，从夏遇洪峰到冬见凌汛，黄河见证了一线环境工作者的机遇与选择、坚守与改变、传承与跨越。他们在新时代对黄河生态的实践探索，是黄河生态文明治理的动人篇章。

## 一、青海：黄河的春天，探寻人水和谐共生的"青海故事"

水流有生命，江河有故事。对于青海而言，着力加强生态保护治理、促进黄河流域高质量发展显得尤为重要。从巴彦喀拉山下"千湖之县"玛多的声名再起到拉西瓦灌溉工程实现以河为富的贵德，再从保护黄河与发展经济抉择中精彩"破题"的化隆、循化到黄河岸边村民致富忙的尖扎，青海省诸多地区实现了从"因水而困"到"兴水而甜"的转变。为使黄河成为造福人民的幸福河，青海省围绕黄河"保护"与"治理"的人水和谐共生故事已精彩上演。

青海因水而名，"三江之源""中华水塔"让世界认识了青海，也让青海走向了世界。水是青海的金字招牌，保护水资源、防治水污染、改善水环境、修复水生态，擦亮青海金字招牌，探索生态文明建设的好经验，谱写美丽中国青海新篇章。探寻人水和谐共生的"青海故事"，只会越来越精彩。

## 二、甘肃：生态环保员，用"心"排查、用"行"丈量

自甘肃省生态环境厅启动甘肃省黄河流域生态环境及污染现状调查工作以来，为摸清黄河流域（甘肃段）生态环境底数及污染现状，助力黄河流域大保护、大治理，全省不同地区的生态环境排查人员同步开展了排查工作。

截至2020年底，武威市、白银市、定西市、天水市、平凉市和庆阳市等6个市共完成排查登记3766个，其中疑似问题数945个，新增排口2821个。

这样的答案，是一位位生态环保基层工作者顶风雪、冒严寒、钻桥下、涉

河道得到的——无论何时何地，只要工作需要，他们都会第一时间赶赴现场，开展监测，分析数据……他们，为环境保护提供了最有力的数据支撑，良好的生态环境背后凝聚着无数生态环保人员的心血和汗水。

用"心"排查、用"行"丈量。随着生态保护工作的不断开展，当地生态环保员进村社、进企业，不断宣传"绿水青山就是金山银山"理念，让更多的人意识到黄河的重要性，加入黄河流域生态保护的过程中。

## 三、河南：环境改善新名片，郑州龙湖的"明星"

龙湖，是郑州市引进黄河水改善人居环境的一项大工程，建成十年之际迎来了"明星"——野生疣鼻天鹅的安家落户。如今，龙湖成了郑州版的"天鹅湖"，是河南生态环境改善的一张名片。

家庭有自己的相册，可记载这个家庭的点滴往事，每个城市也应该有这个城市的相册，记录这个城市的故事。越来越多的人聚焦郑州的生态环境这个主题，讲述河南的生态环境故事。他们的这些影像资料，成为河南生态环境变化的重要史料。

## 第四节　让黄河成为造福人民的幸福河

新中国成立以来，中国的生态环境建设经历了4个阶段的发展历程：环境保护上升为基本国策、初步确立可持续发展战略、科学发展观深入贯彻以及深化推进生态文明建设。

十八大以来，习近平总书记先后就京津冀协同发展、长江经济带生态保护与绿色发展、黄河流域生态保护和高质量发展等发表了一系列重要讲话和指示，为我国开展基于流域的生态文明建设提供了指引。

21世纪以来，习近平总书记曾多次实地考察黄河，足迹遍布上中下游九省区，多次就黄河保护治理作出重要批示。2019年9月，习近平总书记在郑州主持召开黄河流域生态保护和高质量发展座谈会时提出："让黄河成为造福人民的幸福河。"这既是习近平总书记的殷切期望，也是黄河流域各省区开展黄河生态保护和治理、推动经济社会高质量发展的责任使命。

### 延伸阅读

#### "幸福河"的缘起及发展历程

2019年8月，习近平总书记在甘肃省考察调研时首次提出"推动黄河流域高质量发展，让黄河成为造福人民的幸福河"。

同年9月18日，习近平总书记在河南郑州主持召开黄河流域生态保护和高质量发展座谈会并发表重要讲话，强调"要坚持绿水青山就是金山银山的理念，坚持生态优先、绿色发展，以水而定、量水而行，因地制宜、分类施策，上下游、干支流、左右岸统筹谋划，共同抓好大保护，协同推进大治理，着力加强生态保护治理、保障黄河长治久安、促进全流域高质量发展、改善人民群众生活、保护传承弘扬黄河文化，让黄河成为造福人民的幸福河"。

2021年10月22日，习近平总书记在山东济南主持召开深入推动黄河流域生态保护和高质量发展座谈会并发表重要讲话，再次提出要"确保'十四五'时期黄河流域生态保护和高质量发展取得明显成效，为黄河永远造福中华民族而不懈奋斗"。

### 研学内容

学习贯彻习近平总书记在深入推动黄河流域生态保护和高质量发展座谈会上的重要讲话精神，思考如何促进黄河流域高质量发展，将其打造成造福人民的幸福河。

图书在版编目（CIP）数据

黄河生态文明教育：高中版 / 艾少伟，赵曌主编 . — 青岛：青岛出版社，2023.9
ISBN 978-7-5736-1129-1

Ⅰ.①黄…　Ⅱ.①艾…②赵…　Ⅲ.①黄河流域—生态环境—环境教育—青少年读物　Ⅳ.① X321.22-49

中国国家版本馆 CIP 数据核字（2023）第 080021 号

HUANGHE SHENGTAI WENMING JIAOYU（GAOZHONG BAN）

| | |
|---|---|
| 书　　　名 | 黄河生态文明教育（高中版） |
| 本册主编 | 艾少伟　赵　曌 |
| 出版发行 | 青岛出版社（青岛市崂山区海尔路182号） |
| 本社网址 | http://www.qdpub.com |
| 责任编辑 | 宋来鹏 |
| 封面设计 | 张　晓 |
| 照　　排 | 青岛新华出版照排有限公司 |
| 印　　刷 | 青岛名扬数码印刷有限责任公司 |
| 出版日期 | 2023年9月第1版　2025年1月第1次印刷 |
| 开　　本 | 16开（787mm×1092mm） |
| 印　　张 | 8 |
| 字　　数 | 130千 |
| 书　　号 | ISBN 978-7-5736-1129-1 |
| 定　　价 | 23.80元 |

编校印装质量、盗版监督服务电话：4006532017　0532-68068050